U0272351

新巴尔虎右旗
常见植物彩色图谱

新巴尔虎右旗农牧业局　组织编写

胡高娃　李海山　巴德玛嘎日布　编著

中国农业科学技术出版社

图书在版编目（CIP）数据

新巴尔虎右旗常见植物彩色图谱 / 胡高娃，李海山，巴德玛嘎日布编著. —北京：中国农业科学技术出版社，2017.7

ISBN 978 - 7 - 5116 - 3156 - 5

Ⅰ. ①新… Ⅱ. ①胡… ②李… ③巴… Ⅲ. ①植物—新巴尔虎右旗—图谱Ⅳ. ①Q948.522.64 - 64

中国版本图书馆 CIP 数据核字（2017）第139486号

责任编辑　姚　欢
责任校对　李向荣
出 版 者　中国农业科学技术出版社
　　　　　北京市海淀区中关村南大街12号　　　邮编：100081
电　　话　（010）8210 6636（编辑室）　（010）8210 9702（发行部）
　　　　　（010）8210 9709（读者服务部）
传　　真　（010）8210 6636
网　　址　http://www.castp.cn
经 销 者　各地新华书店
印 刷 者　北京东方宝隆印刷有限公司
开　　本　787 mm×1092 mm　1/16
印　　张　18
字　　数　500 千字
版　　次　2017年7月第1版　2017年7月第1次印刷
定　　价　168.00 元

《新巴尔虎右旗常见植物彩色图谱》

编 著 委 员 会

主 任 委 员：娜日斯　布仁巴雅尔

副主任委员：金那申　陈　龙　双　勇

委　　　员：徐国庆　巴　图　鄂留柱　康长江

义　　　义：于占民　张景强　朝克图　高海滨

主 编 著：胡高娃　李海山　巴德玛嘎日布

副主编著：吴金海　苏义拉　马崇勇

编 著 人 员：胡高娃　李海山　巴德玛嘎日布

义　义　义：吴金海　苏义拉　马崇勇　王伟共

义　义　义：潘　英　义如格勒图　斯日古楞　峥　喜

义　义　义：萨仁图雅　巴德玛　宫亚卿　王朝乐门

义　义　义：青　宝　高冠军　喜鲁　玉　洁

义　义　义：斯琴格日乐　哈斯其其格

拍 摄 人 员：胡高娃　巴德玛嘎日布　李海山

成吉思汗拴马桩

金海岸

序

　　全球土地面积的24%以上是草原。我国草地面积达60亿亩，占国土面积40%以上，是我国陆地生态系统的重要组成部分。草地也是新时代美丽中国建设、牧区社会经济可持续发展和农牧民生活富裕的基础。多年来，我国草地过度放牧、历史欠账严重、草场退化情况没有得到根本好转。因此，实施草地生物多样性保护、生产力恢复和生态系统功能的提升是摆在当前的重要任务。而认知植物、确定植物种类是完成上述重大需求的科学基础。

　　新巴尔虎右旗地处举世闻名的呼伦贝尔大草原腹地，草地总面积约228万公顷。草原类型为温性草甸草原、温性典型草原、低地草甸、沼泽类等四大类，孕育了丰富多样的植物资源。基层草原工作者们经多年努力，采集标本，进行分类鉴定和记录，查明有野生植物73科、291属、618种，并拍摄的大量照片。本图谱从中精选出496张，图版清晰，内容简洁，配以蒙、汉文描述植物分布、用途，方便少数民族地区使用，亦给基层工作的植物爱好者提供参考。图谱也为后人留下地方史料，为加强生态环境保护、全面落实草原生态政策、开展天然草场恢复与合理利用提供借鉴。

　　为此，我欣然为此图集作序，希望有助于大家认知植物、探索自然的兴趣。

中国科学院院士

中国科学院植物研究所研究员

2017年4月

克鲁伦河

前　言

　　新巴尔虎右旗土地辽阔，草地面积大，水草丰美，植物种类繁多。草地面积227.88万公顷，草地类型为温性草甸草原类、温性典型草原类、低地草甸类、沼泽类等4大类，7个亚类，38个型。主要以禾本科、豆科、菊科、百合科为主。属于典型的干旱草原，植物植株矮小。

　　《新巴尔虎右旗常见植物彩色图谱》是在历次草地资源普查的基础上，特别是近年来数码照相技术的应用相结合，多年来标本采集、整理、分类、鉴定、整理出野生植物73科291属618种，其中精选收录植物全株、花、果实常见植物照片496张。每植物种蒙名以《内蒙古植物志》（第二版）和《种子植物图鉴》（蒙）为准，部分参考《东乌珠穆沁旗草地植物》。本书采用蒙、汉两种文字进行描述，内容简单、易懂，使用方便。本书可为植物爱好者、基层草原工作者、牧民阅读使用，也可为草原资源保护、建设、合理利用提供参考。

　　本书的编著工作从2013年开始，标本采集、整理、分类、鉴定先后历经5年，在此期间，我们得到了内蒙古农业大学王六英教授、敖特根教授，内蒙古大学赵利清教授等同志的大力支持和帮助，在此表示衷心的感谢。书稿在成型后的送审过程中，得到了中国科学院院士洪德元先生的悉心指导和帮助，洪院士亲自为本书作序，让基层的草原工作者备受鼓舞，再次表示感谢！也对新巴尔虎右旗旗委政府、新巴尔虎右旗农牧业局给予的高度重视表示诚挚的谢意！

　　由于我们的条件和水平有限，难免出现错误和不妥之处，敬请读者、专家批评指正。

编著委员会
2017年6月

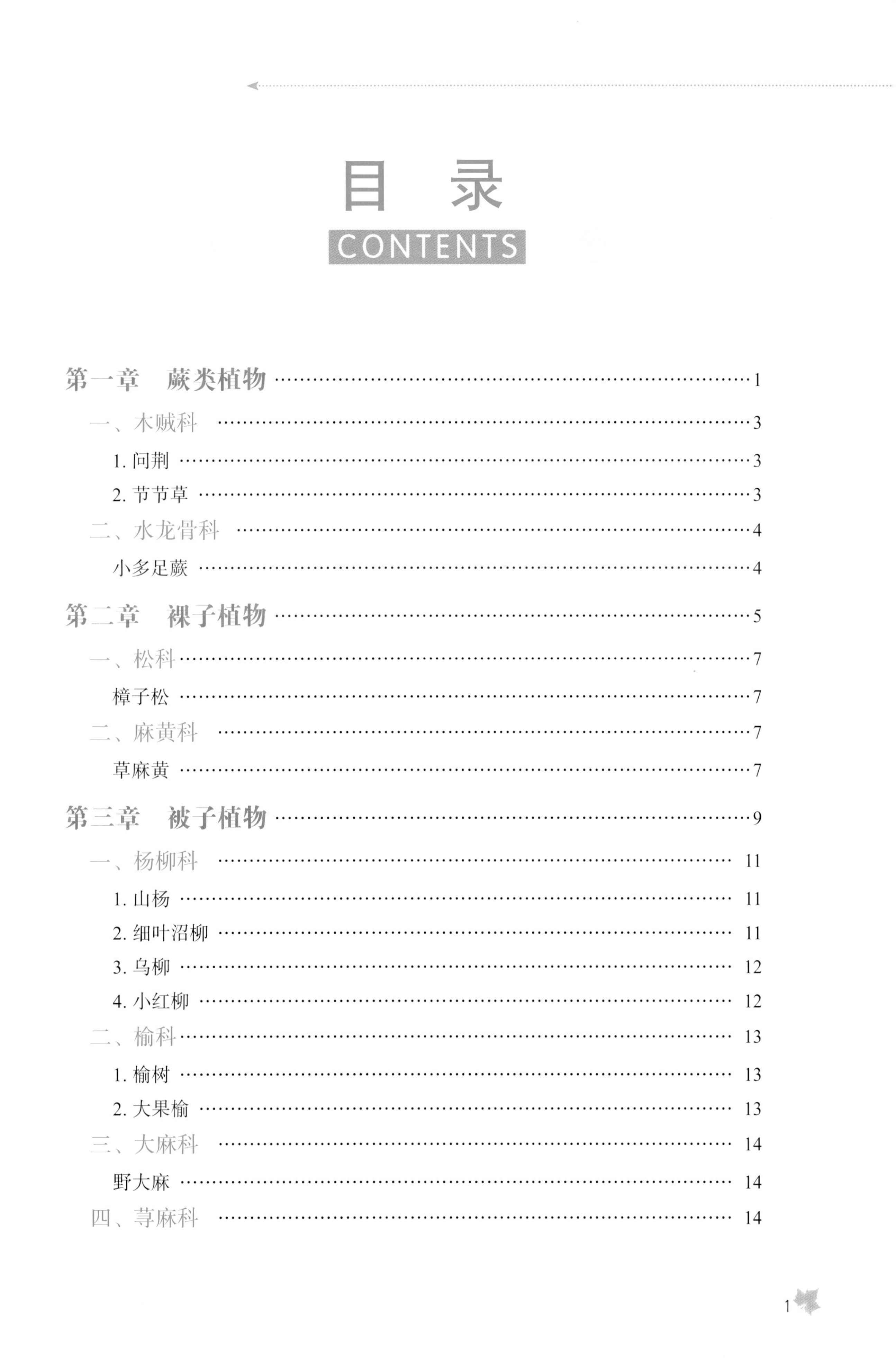

目 录

CONTENTS

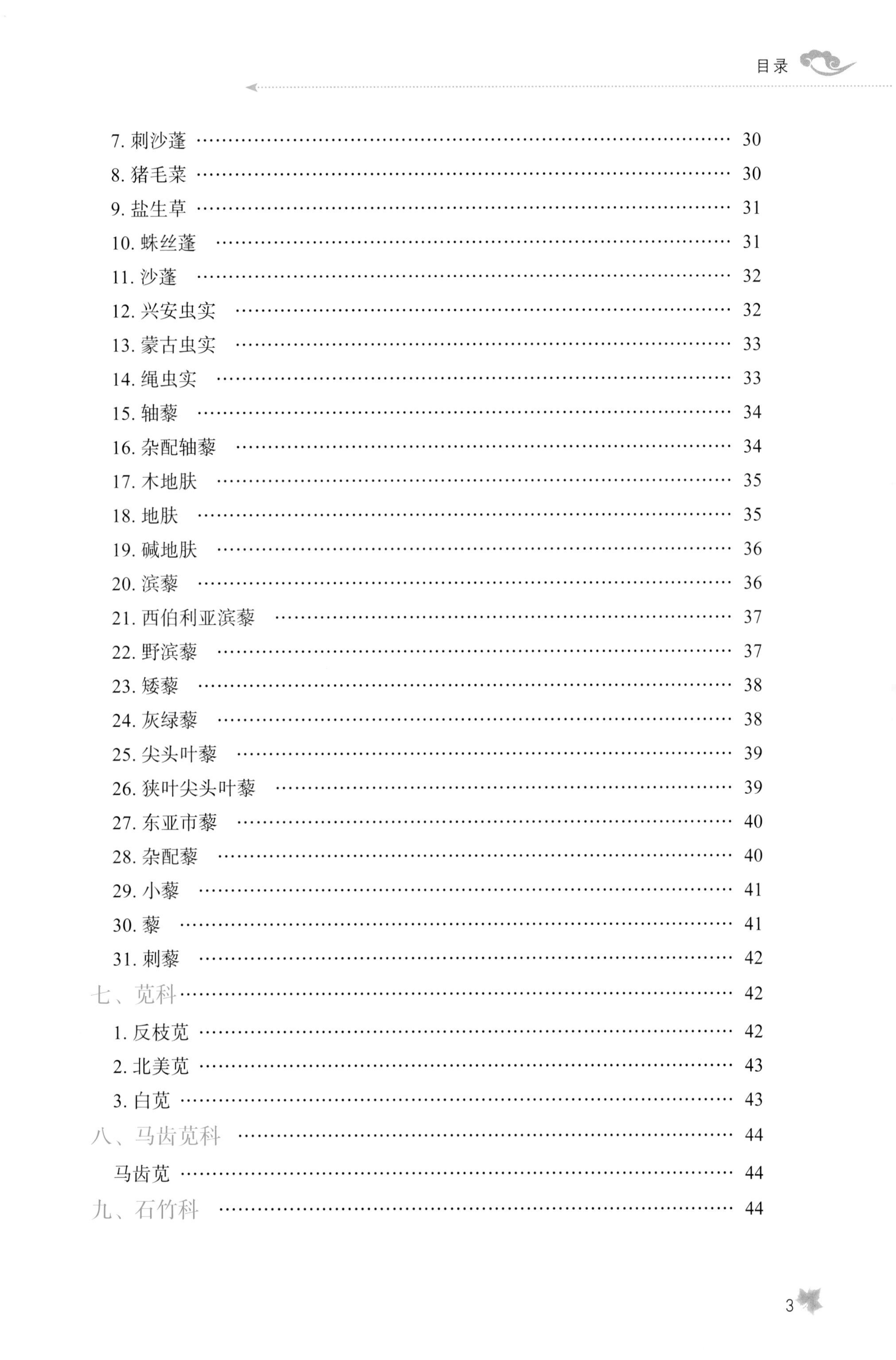

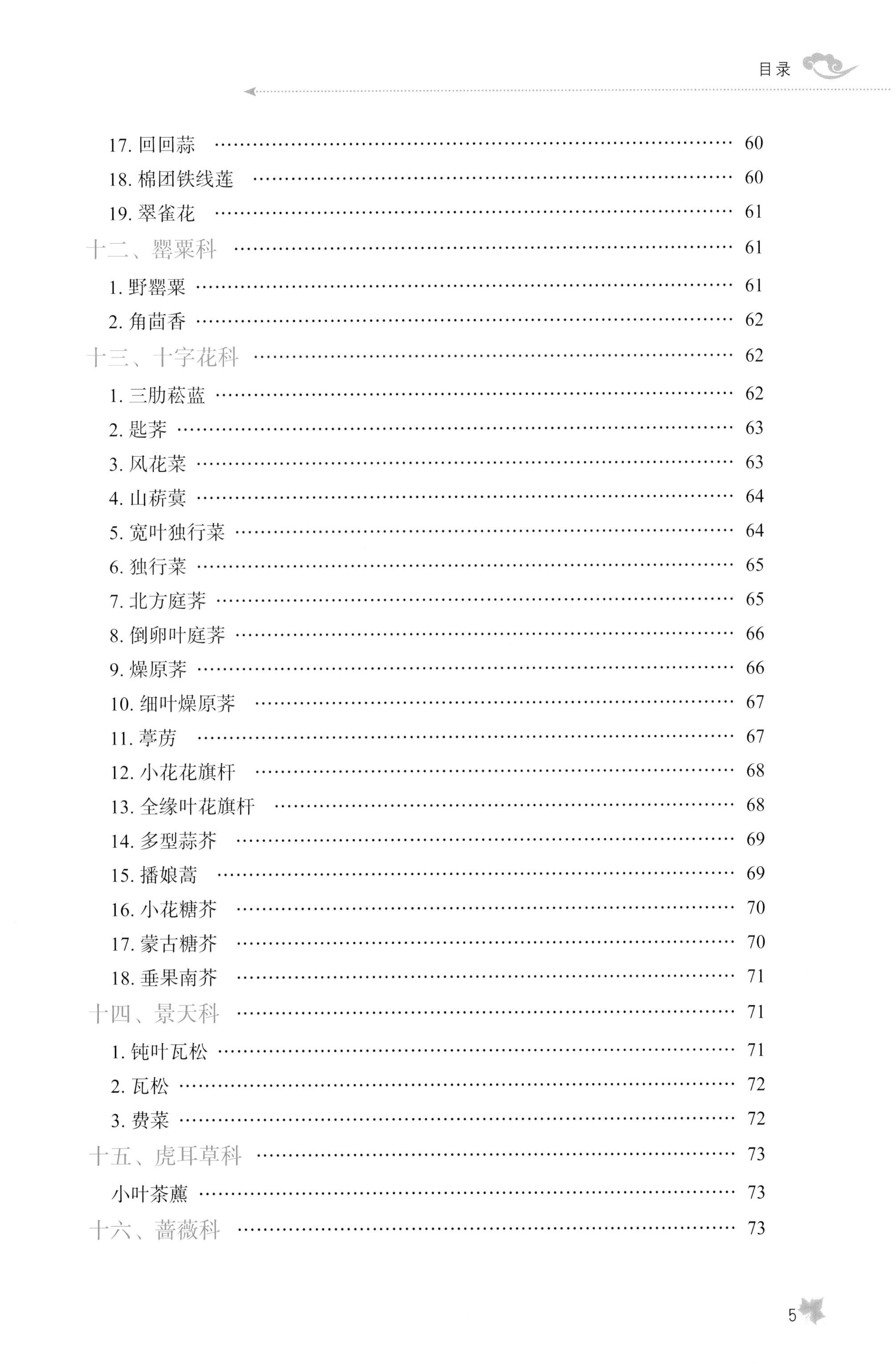

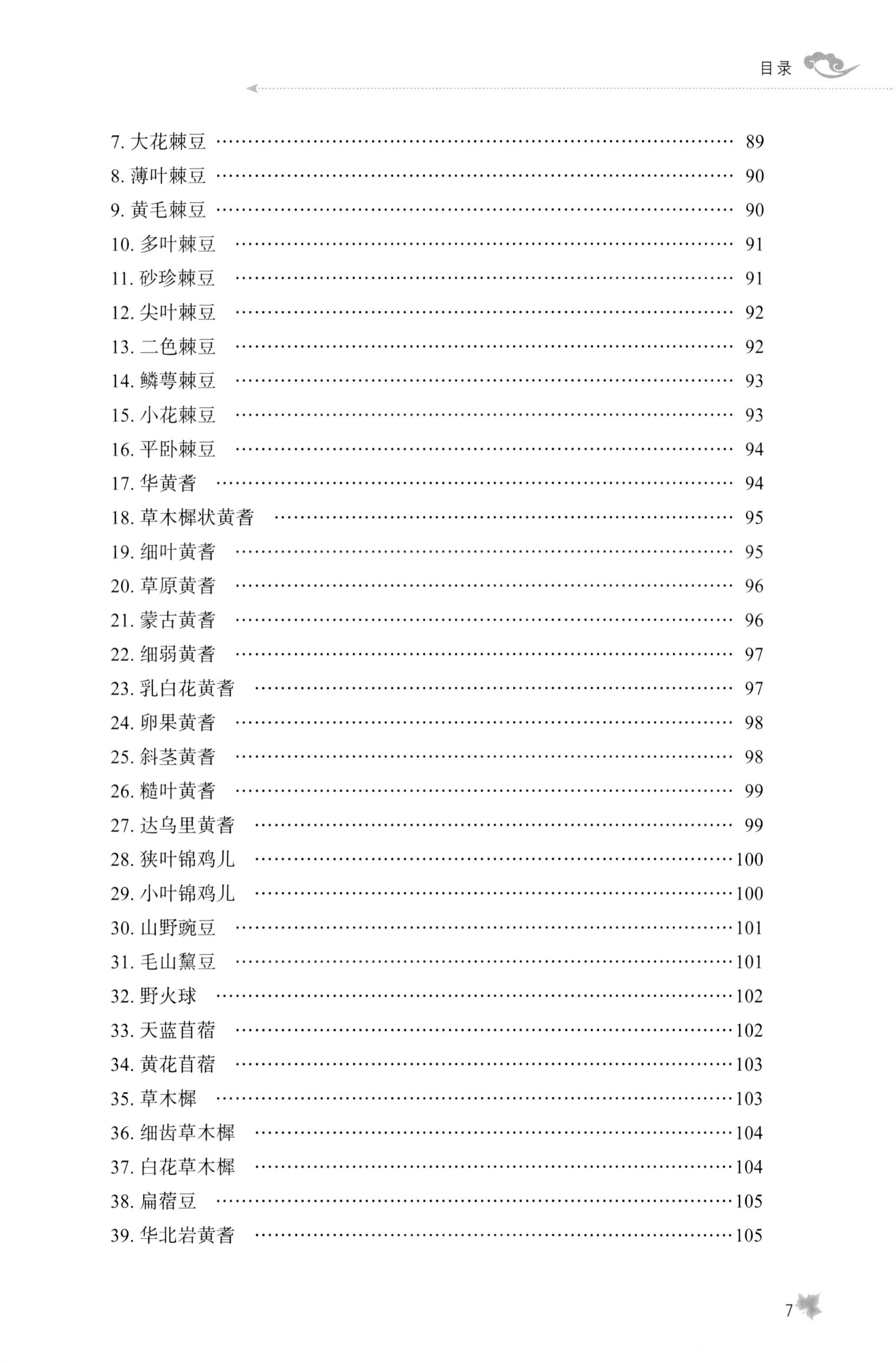

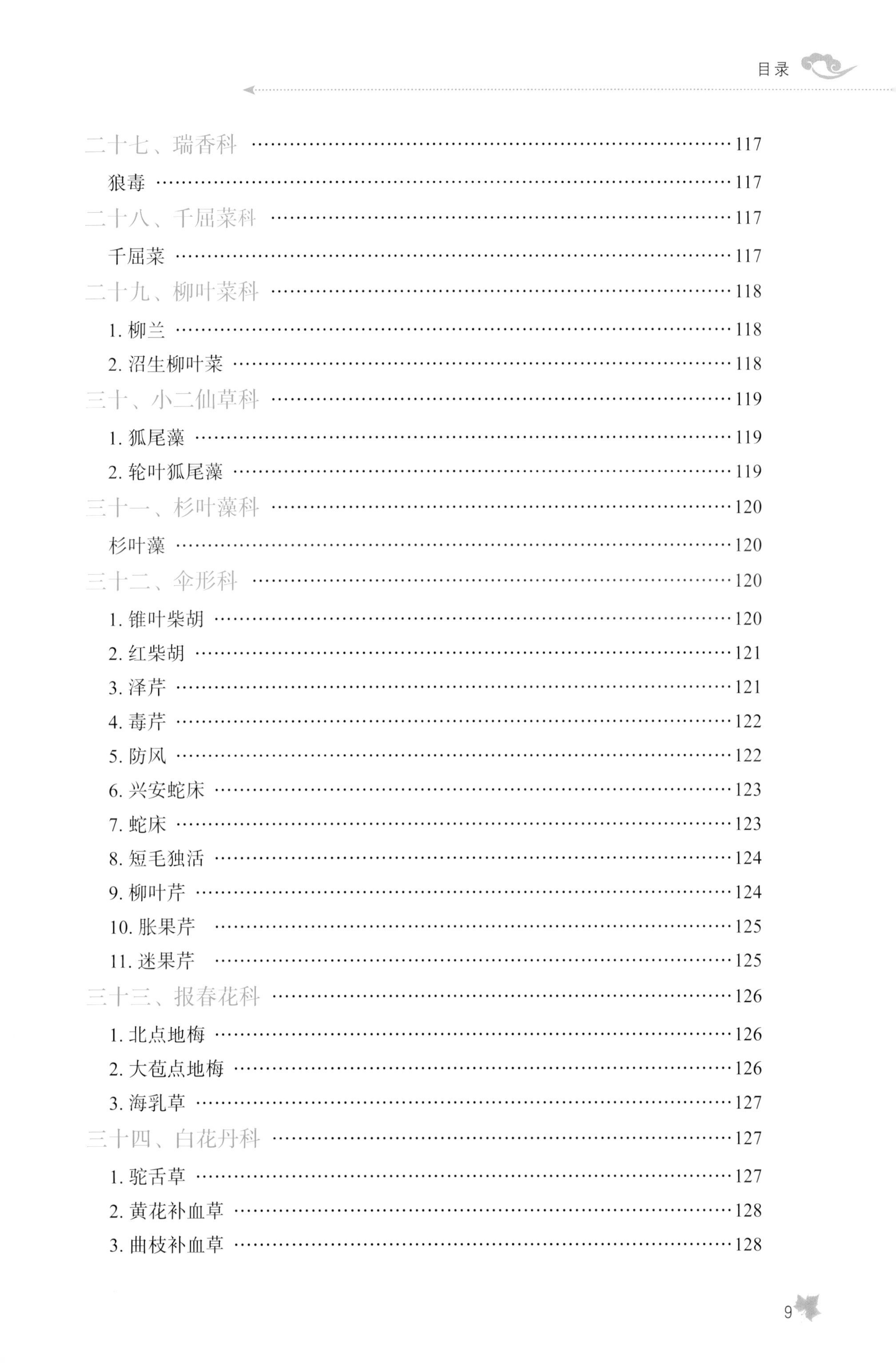

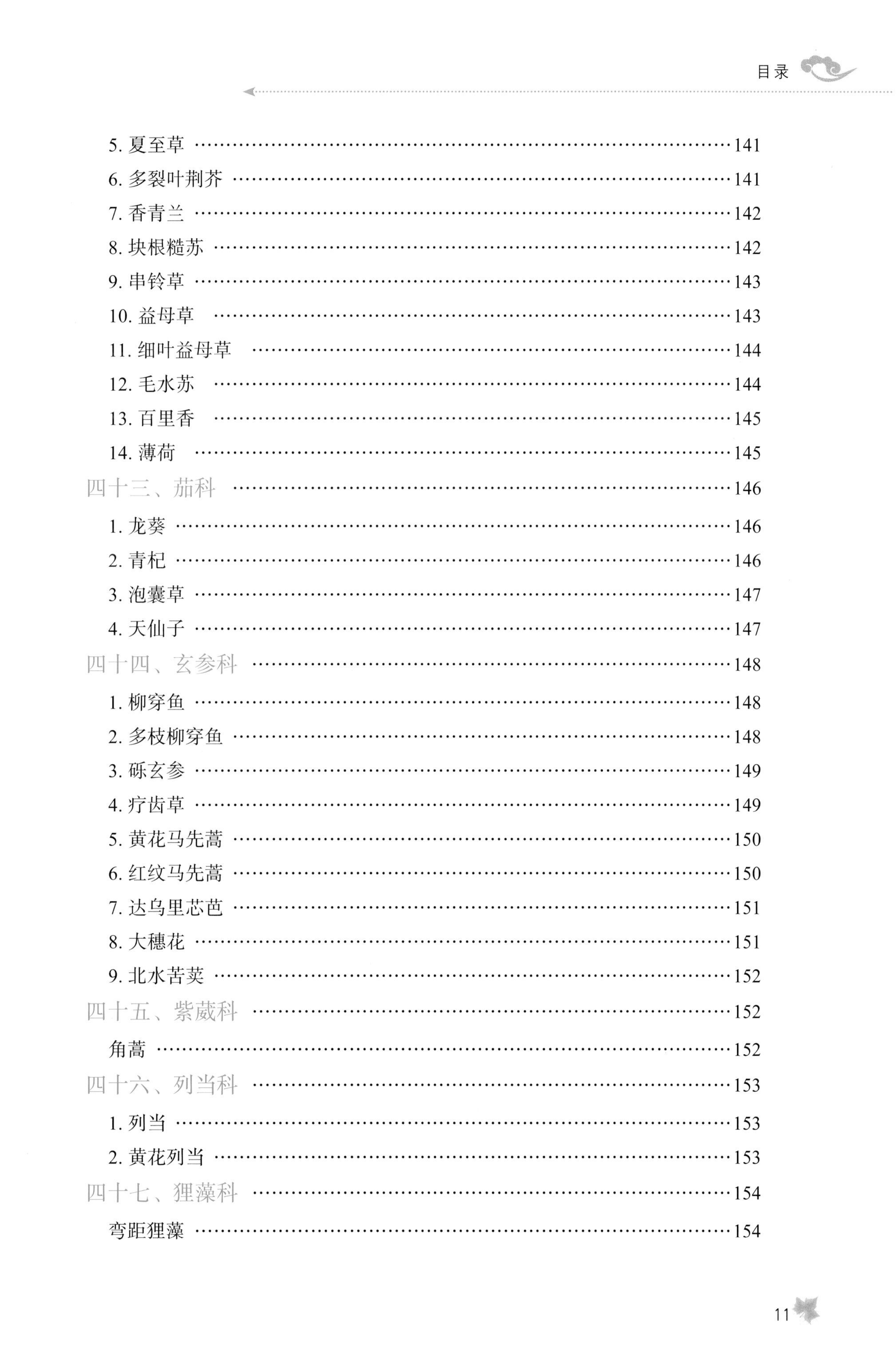

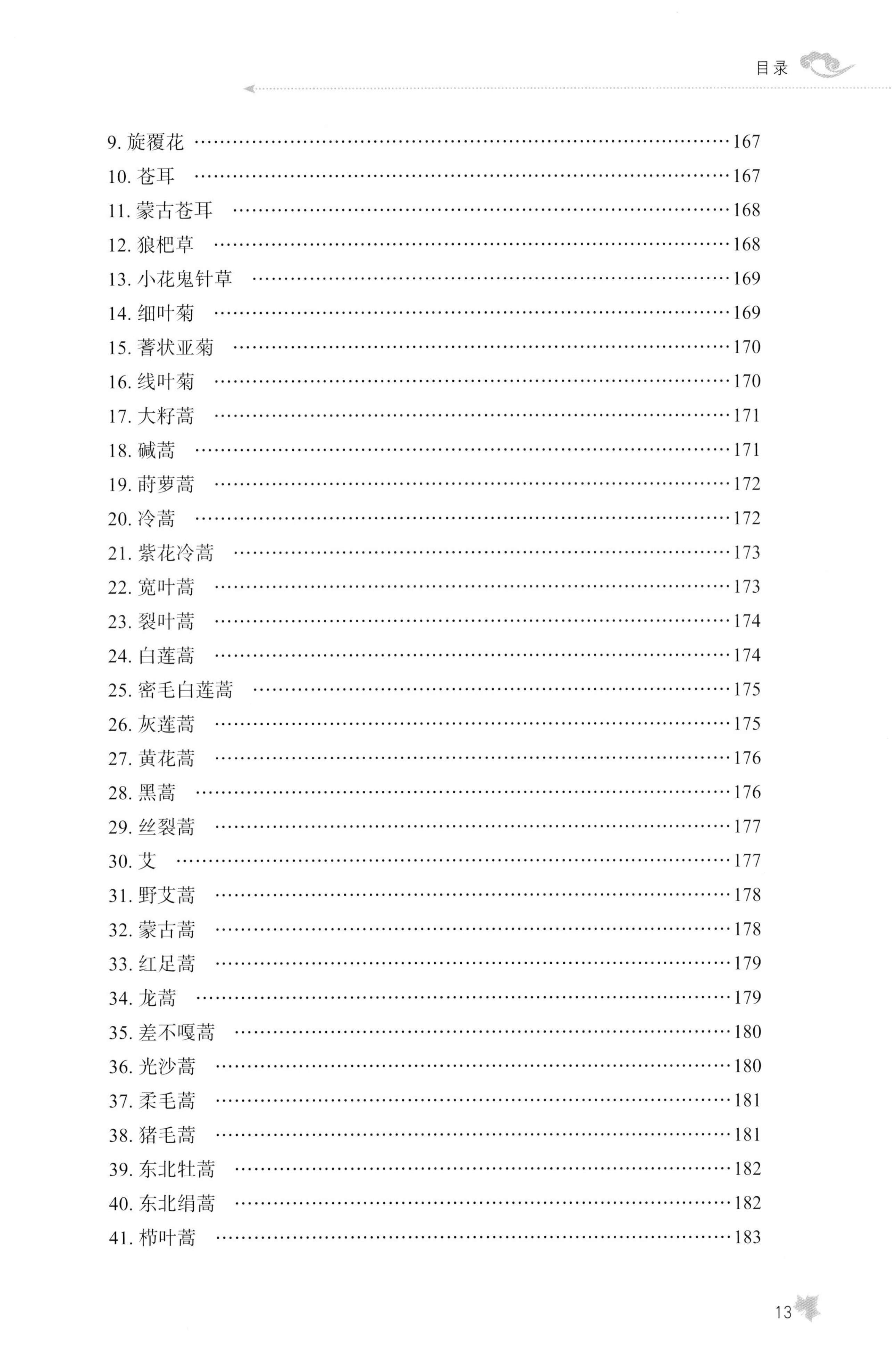

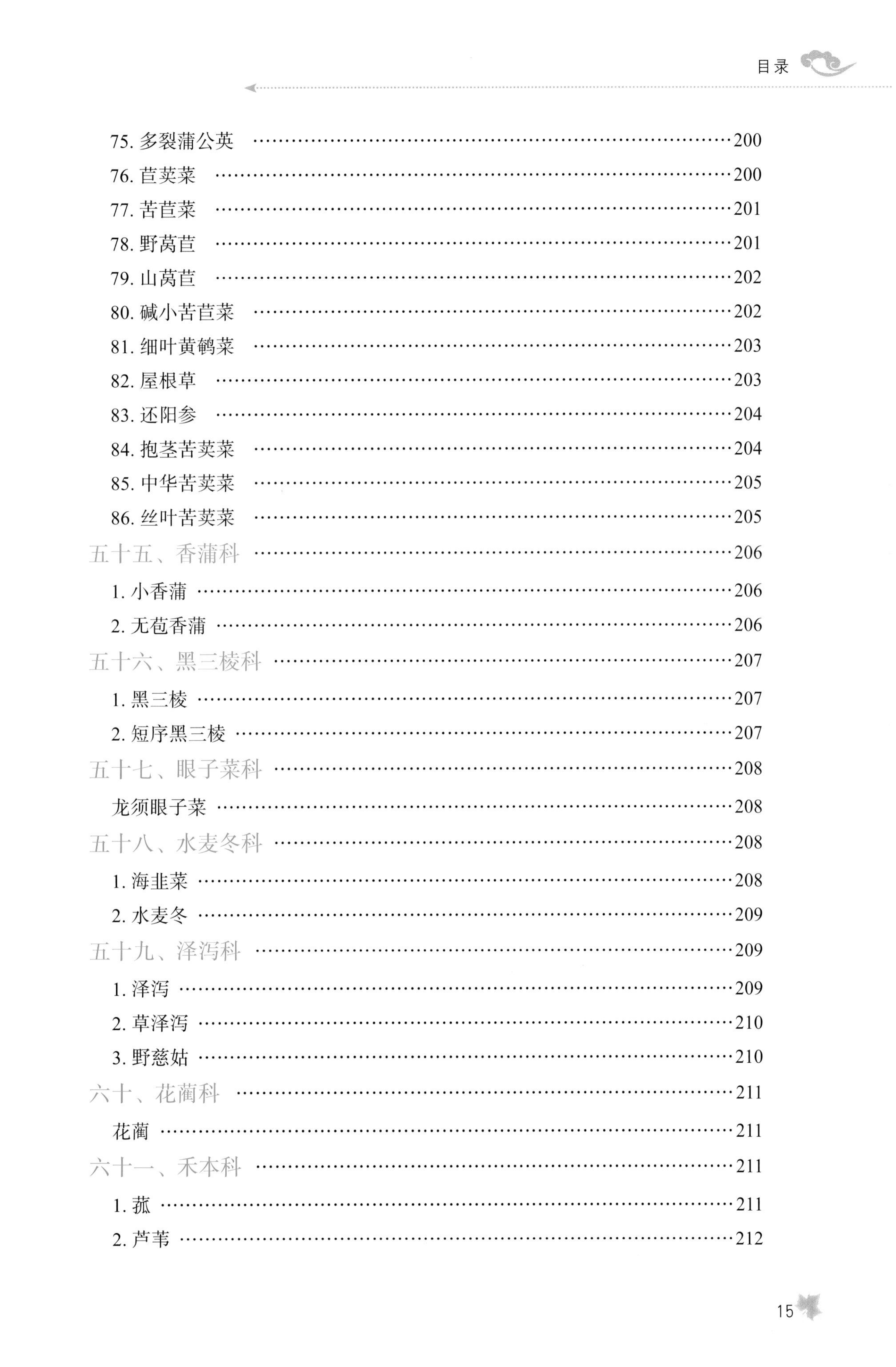

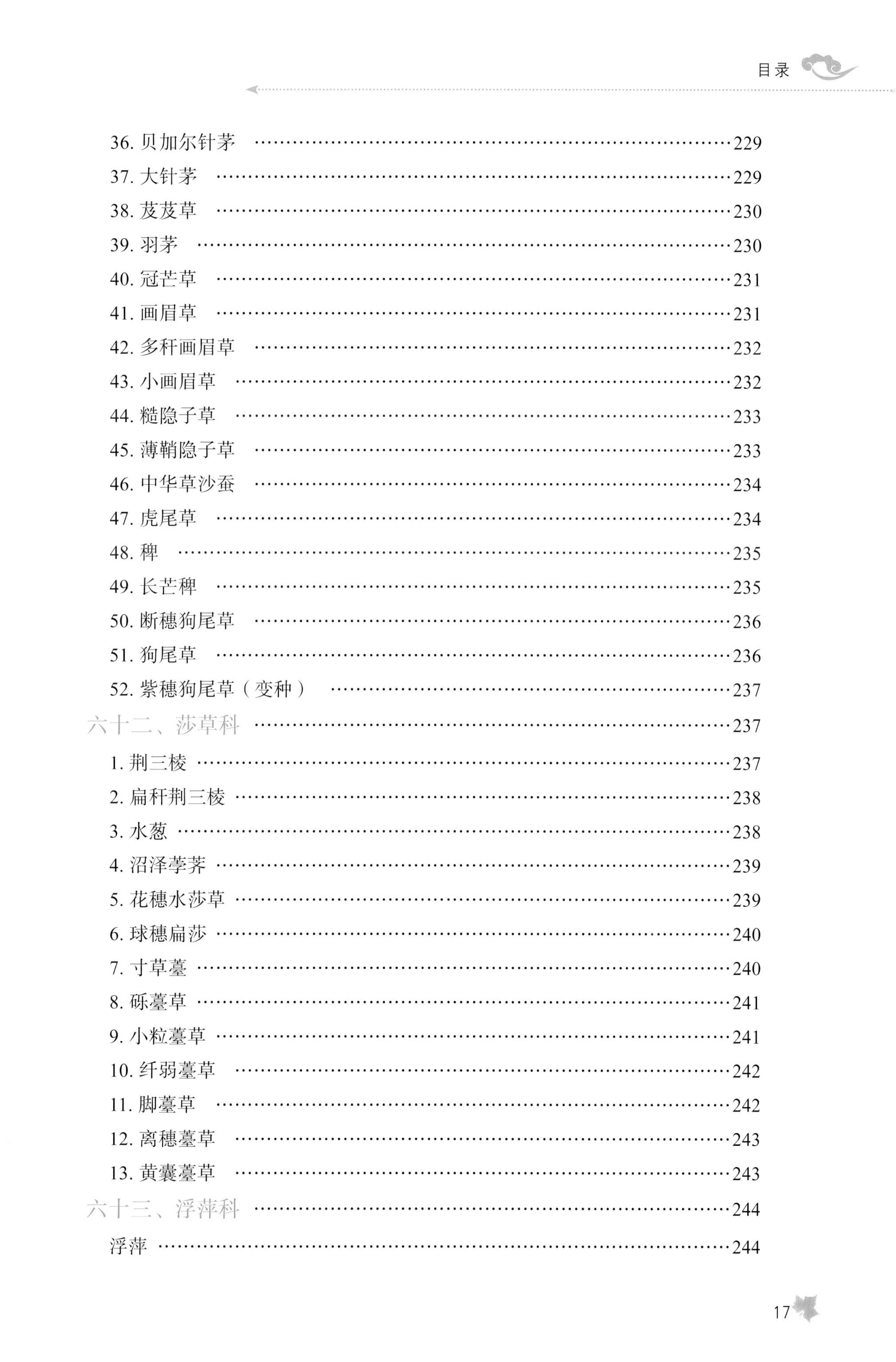

第一章　蕨类植物

宝格德乌拉圣山

温性草甸草原

ᠤᠷᠭᠤᠮᠠᠯ ᠪᠤᠶᠤ

一、木贼科 Equisetaceae

1. 问荆 *Equisetum arvense* L.

别名：土麻黄

木贼科，问荆属。生于草地、河边、沙地。夏季牛和马乐食，干草羊喜食。药用植物。分布于阿日哈沙特镇、阿拉坦额莫勒镇、克尔伦苏木。拍摄于克尔伦苏木莫日斯格西。

2. 节节草 *Hippochaete ramosissimum*（Desf.）Boem.

别名：土麻黄、草麻黄

木贼科，木贼属。生于沙地、草地等处。药用植物。分布于阿拉坦额莫勒镇、克尔伦苏木。拍摄于克尔伦苏木呼和温都日西。

ᠮᠠᠷᠠᠯ ᠤᠨ ᠰᠢᠷ᠎ᠠ

二、水龙骨科 Polypodiaceae

小多足蕨 *Polypodium virginianum* L.

别名：东北水龙骨、小水龙骨

水龙骨科，多足蕨属。生于山地林下、林缘石缝中。分布于阿日哈沙特镇阿贵洞。拍摄于阿贵洞山上。

第二章　裸子植物

乌兰泡

温性典型草原

ᠳ᠋ᠤᠯᠠᠭᠠᠨ ᠮᠣᠳᠣᠨ（ ᠬᠠᠢᠯᠠᠷ ）

ᠴᠢᠭᠢᠷᠠᠭ ᠪᠥᠬᠡ ᠮᠣᠳᠣᠨ᠃ ᠬᠠᠭᠤᠷᠠᠢ ᠡᠯᠡᠰᠦᠲᠦ ᠭᠠᠵᠠᠷ ᠪᠣᠯᠤᠨ ᠴᠢᠯᠠᠭᠤᠯᠢᠭ ᠡᠯᠡᠰᠦᠲᠦ ᠭᠠᠵᠠᠷ ᠲᠤ ᠤᠷᠭᠤᠨ᠎ᠠ᠃ ᠡᠮᠦᠨ᠎ᠡ ᠤᠷᠭᠤᠮᠠᠯ᠃ ᠬᠣᠰᠢᠭᠤᠨ ᠤ ᠬᠣᠢᠲᠤ ᠵᠠᠬ᠎ᠠ ᠶᠢᠨ ᠠᠭᠤᠯᠠ ᠶᠢᠨ ᠬᠣᠷᠮᠣᠢ ᠳ᠋ᠤ ᠲᠠᠷᠬᠠᠨ᠎ᠠ᠃

一、松科 Pinaceae

樟子松 *Pinus sylvestris* L. var. *monglica* Litv.

别名：海拉尔松

松科，松属，乔木。生于较干旱的沙地及石砾沙土地区。药用植物。分布于旗北部边界山坡。拍摄于旗北三角地。

ᠵᠡᠭᠡᠷᠭᠡᠨ᠎ᠡ

ᠵᠡᠭᠡᠷᠭᠡᠨ᠎ᠡ ᠣᠪᠤᠭ᠃ ᠵᠡᠭᠡᠷᠭᠡᠨ᠎ᠡ ᠲᠥᠷᠥᠯ᠃ ᠡᠪᠡᠰᠦᠯᠢᠭ ᠪᠤᠲᠠᠯᠢᠭ ᠤᠷᠭᠤᠮᠠᠯ᠃ ᠳᠣᠪᠣᠴᠠᠭ ᠭᠠᠵᠠᠷ᠂ ᠲᠠᠯ᠎ᠠ ᠭᠠᠵᠠᠷ᠂ ᠡᠯᠡᠰᠦᠲᠦ ᠭᠠᠵᠠᠷ ᠲᠤ ᠤᠷᠭᠤᠨ᠎ᠠ᠃ ᠡᠮ ᠤᠨ ᠤᠷᠭᠤᠮᠠᠯ᠃ ᠬᠣᠨᠢ᠂ ᠲᠡᠮᠡᠭᠡ ᠳᠤᠷᠠᠲᠠᠢ ᠢᠳᠡᠨ᠎ᠡ᠃ ᠠᠷᠤ ᠬᠠᠰᠠᠲᠤ ᠪᠠᠯᠭᠠᠰᠤ᠂ ᠬᠡᠷᠡᠯᠦᠨ ᠰᠤᠮᠤ᠂ ᠳᠠᠯᠠᠢ ᠰᠤᠮᠤ᠂ ᠪᠠᠶᠠᠨ ᠳᠡᠭᠡᠳᠦ ᠠᠭᠤᠯᠠ ᠰᠤᠮᠤ ᠳ᠋ᠤ ᠲᠠᠷᠬᠠᠨ᠎ᠠ᠃

二、麻黄科 Ephedraceae

草麻黄 *Ephedra sinica* Stapf

别名：麻黄

麻黄科，麻黄属，草本状灌木。生于丘陵坡地、平原、沙地。药用植物。羊、骆驼乐食。分布于阿日哈沙特镇、克尔伦苏木、达赉苏木、宝格德乌拉苏木。拍摄于达赉苏木巴嘎双乌拉南。

低地草甸

第三章　被子植物

阿贵洞

沼泽类

ᠵᠡᠭᠡᠰᠦᠲᠦ ᠨᠢ ᠤᠯᠢᠶᠠᠰᠤ

ᠵᠡᠭᠡᠰᠦᠲᠦ ᠤᠯᠢᠶᠠᠰᠤ᠃ ᠵᠢᠱᠢᠶᠡᠯᠡᠪᠡᠯ ᠂ ᠠᠭᠤᠯᠠ ᠶᠢᠨ ᠠᠷᠤ ᠡᠩᠭᠡᠷ ᠳᠡᠭᠡᠷ᠎ᠡ ᠤᠷᠭᠤᠨ᠎ᠠ᠃ ᠡᠮ ᠦᠨ ᠤᠷᠭᠤᠮᠠᠯ᠃ ᠴᠠᠭᠠᠰᠤ ᠪᠠᠷᠢᠯᠭ᠎ᠠ ᠶᠢᠨ ᠮᠠᠲ᠋ᠧᠷᠢᠶᠠᠯ ᠪᠣᠯᠭᠠᠵᠤ ᠪᠣᠯᠤᠨ᠎ᠠ᠂ ᠤᠰᠤ ᠰᠢᠷᠣᠢ ᠬᠠᠮᠠᠭᠠᠯᠠᠬᠤ ᠤᠷᠭᠤᠮᠠᠯ᠃

一、杨柳科 Salicaceae

1. 山杨 *Populus davidiana* Dode

别名：火杨

杨柳科，杨属，乔木。生于山地阴坡或半阴坡。药用植物。可作造纸建筑原料，水土保持植物。分布于克尔伦苏木。拍摄于克尔伦苏木固日班尼阿日山西。

ᠨᠠᠷᠢᠨ ᠨᠠᠪᠴᠢᠲᠤ ᠳᠠᠪᠠᠭ᠎ᠠ

ᠰᠢᠪᠧᠷᠢᠶ᠎ᠠ ᠶᠢᠨ ᠳᠠᠪᠠᠭ᠎ᠠ᠃ ᠵᠡᠭᠡᠰᠦᠲᠦ ᠪᠤᠲᠠᠯᠢᠭ ᠤᠷᠭᠤᠮᠠᠯ᠃ ᠵᠢᠱᠢᠶᠡᠯᠡᠪᠡᠯ ᠂ ᠤᠰᠤ ᠲᠣᠭᠲᠠᠭᠰᠠᠨ ᠭᠤᠤ ᠴᠦᠭᠦᠷᠦᠮ ᠦᠨ ᠣᠶᠢᠷᠠᠯᠴᠠᠭ᠎ᠠ᠂ ᠴᠢᠭᠢᠭᠯᠢᠭ ᠪᠤᠲᠠ ᠨᠤᠭᠤᠳ ᠲᠤ ᠤᠷᠭᠤᠨ᠎ᠠ᠃

2. 细叶沼柳 *Salix rosmarinifolia* L.

别名：西伯利亚沼柳

杨柳科，柳属，灌木。生于有积水的沟塘附近、较湿润的灌丛和草甸。枝条可供编织。分布于阿拉坦额莫勒镇。拍摄于阿拉坦额莫勒镇西南桥边。

ᠣᠯᠠᠭᠠᠨ ᠬᠠᠢᠯᠠᠰᠤ

ᠮᠤᠳᠤᠯᠢᠭ ᠪᠤᠶᠤ ᠵᠢᠵᠢᠭ ᠮᠤᠳᠤ᠃ ᠭᠤᠤᠯ ᠤᠨ ᠬᠦᠪᠡᠭᠡ᠂ ᠵᠢᠯᠭ᠎ᠠ ᠶᠢᠨ ᠬᠣᠶᠠᠷ ᠡᠷᠭᠢ ᠪᠠ ᠡᠯᠡᠰᠦᠨ ᠳᠤᠪᠤᠷᠬᠠᠭ ᠤᠨ ᠬᠣᠭᠤᠷᠤᠨᠳᠤᠬᠢ ᠨᠠᠮᠤᠭ ᠴᠢᠭᠢᠭᠲᠦ ᠭᠠᠵᠠᠷ ᠢᠶᠠᠷ ᠤᠷᠭᠤᠨ᠎ᠠ᠃

3. 乌柳 *Salix cheilophila* C. K. Schneid.

别名：筐柳、沙柳

杨柳科，柳属，灌木或小乔木。生于河流、溪沟两岸及沙丘间低湿地。药用植物。分布于克尔伦河、乌尔逊河边。拍摄于乌尔逊河边。

ᠤᠯᠠᠭᠠᠨ ᠤᠳᠤ

ᠮᠤᠳᠤᠯᠢᠭ᠃ ᠡᠯᠡᠰᠦᠨ ᠳᠤᠪᠤᠷᠬᠠᠭ ᠤᠨ ᠬᠣᠭᠤᠷᠤᠨᠳᠤᠬᠢ ᠨᠠᠮ ᠳᠤᠤᠷ᠎ᠠ ᠭᠠᠵᠠᠷ᠂ ᠭᠤᠤᠯ ᠤᠨ ᠬᠦᠨᠳᠡᠢ ᠪᠠᠷ ᠤᠷᠭᠤᠨ᠎ᠠ᠃

4. 小红柳 *Salix microstachya* Turcz. ex. Trautv. var. *bordensis* (Nakai) C. F. Fang

杨柳科，柳属，灌木。生于沙丘间低地、河谷。分布于阿拉坦额莫勒镇、乌兰泡。拍摄于乌兰泡旁。

ᠬᠠᠶᠢᠯᠠᠰᠤ

二、榆科 Ulmaceae

1. 榆树 *Ulmus pumila* L.

别名：白榆、家榆

榆科，榆属，乔木。常见于山地、沟谷及固定沙地。药用植物。羊和骆驼喜食其叶。分布于呼伦镇、阿拉坦额莫勒镇、阿日哈沙特镇、克尔伦苏木。拍摄于克尔伦苏木巴嘎哈拉金北。

2. 大果榆 *Ulmus macrocarpa* Hance

榆科，榆属，落叶乔木或灌木。生于山地、沟谷及固定沙地。药用植物。分布于克尔伦苏木。拍摄于克尔伦苏木巴嘎哈拉金东。

ᠪᠤᠷᠭᠠᠰᠤ

ᠬᠦᠯᠦᠨ ᠪᠤᠶᠢᠷ᠂

三、大麻科 Moraceae

野大麻 Cannabis sativa L. f. *ruderalis* (Janisch.) Chu,

大麻科，大麻属，一年生草本。生于向阳干山坡、固定沙丘、丘间低地。药用植物。叶干后羊食。分布于克尔伦苏木、阿拉坦额莫勒镇、阿日哈沙特镇。拍摄于克尔伦苏木哈日努敦。

四、荨麻科 Urticaceae

1. *麻叶荨麻 Urtica cannabina* L.

别名：焮麻

荨麻科，荨麻属，多年生草本。生于人和畜经常活动的干燥山坡、丘陵坡地、沙丘坡地、山野、路旁、居民点附近。药用植物。嫩茎叶可作蔬菜食用。青鲜时羊和骆驼喜采食，牛乐吃。分布于全旗各地。拍摄于阿贵洞。

ᠬᠠᠲᠠᠭᠤᠵᠢᠯ (ᠬᠠᠨ᠎ᠠ ᠶᠢᠨ ᠡᠪᠡᠰᠦ)

ᠬᠠᠨ᠎ᠠ ᠶᠢᠨ ᠡᠪᠡᠰᠦᠨ ᠦ ᠲᠦᠷᠦᠯ ᠦᠨ ᠨᠢᠭᠡ ᠨᠠᠰᠤᠲᠤ ᠡᠪᠡᠰᠦᠯᠢᠭ ᠤᠷᠭᠤᠮᠠᠯ᠃ ᠠᠭᠤᠯᠠ ᠶᠢᠨ ᠠᠷᠤ ᠶᠢᠨ ᠰᠡᠭᠦᠳᠡᠷ ᠴᠢᠭᠢᠭ ᠲᠠᠢ ᠭᠠᠵᠠᠷ᠂ ᠴᠢᠯᠠᠭᠤᠨ ᠵᠠᠪᠰᠠᠷ᠂ ᠨᠠᠮᠤᠭ ᠭᠠᠵᠠᠷ ᠤᠷᠭᠤᠨ᠎ᠠ᠃ ᠡᠮ ᠦᠨ ᠤᠷᠭᠤᠮᠠᠯ᠃ ᠠᠷᠠᠬᠠᠱᠠᠲᠤ ᠪᠠᠯᠭᠠᠰᠤᠨ ᠤ ᠠ ᠭᠤᠢ ᠠᠭᠤᠢ ᠳᠤ ᠤᠷᠭᠤᠨ᠎ᠠ᠃ ᠠᠭᠤᠢ ᠶᠢᠨ ᠠᠭᠤᠯᠠᠨ ᠳᠤ ᠭᠡᠷᠡᠯ ᠵᠢᠷᠤᠭ ᠢ ᠨᠢ ᠠᠪᠤᠪᠠ᠃

2. 狭叶荨麻 *Urtica angustifolia* Fisch. ex Hornem.

别名：螫麻子

荨麻科，荨麻属，多年生草本。生于山地林缘、灌丛间、溪沟边、湿地、水边沙丘灌丛间。药用植物。分布于阿日哈沙特镇阿贵洞。拍摄于阿贵洞。

ᠬᠠᠯᠠᠭᠠᠢ

ᠬᠠᠯᠠᠭᠠᠢ ᠶᠢᠨ ᠲᠦᠷᠦᠯ ᠦᠨ ᠤᠯᠠᠨ ᠨᠠᠰᠤᠲᠤ ᠡᠪᠡᠰᠦᠯᠢᠭ ᠤᠷᠭᠤᠮᠠᠯ᠃ ᠠᠭᠤᠯᠠ ᠶᠢᠨ ᠣᠢ ᠶᠢᠨ ᠵᠠᠬ᠎ᠠ᠂ ᠪᠤᠲᠠ ᠰᠦᠭᠡ ᠶᠢᠨ ᠵᠠᠪᠰᠠᠷ᠂ ᠭᠤᠤ ᠵᠢᠯᠭ᠎ᠠ ᠶᠢᠨ ᠬᠦᠪᠡᠭᠡ᠂ ᠨᠠᠮᠤᠭ ᠭᠠᠵᠠᠷ᠂ ᠤᠰᠤᠨ ᠤ ᠬᠦᠪᠡᠭᠡ ᠶᠢᠨ ᠡᠯᠡᠰᠦᠨ ᠮᠠᠩᠬᠠᠨ ᠤ ᠪᠤᠲᠠ ᠰᠦᠭᠡ ᠶᠢᠨ ᠵᠠᠪᠰᠠᠷ ᠤᠷᠭᠤᠨ᠎ᠠ᠃

3. 小花墙草 *Parietaria micrantha* Ledeb.

别名：墙草

荨麻科，墙草属，一年生草本。生于山坡阴湿处、石隙间、湿地上。药用植物。分布于阿日哈沙特镇阿贵洞。拍摄于阿贵洞山上。

ᠨᠠᠪᠴᠢ ᠶᠢᠨ ᠲᠤᠯᠠ ᠁

ᠠᠰᠢᠭᠯᠠᠬᠤ ᠤᠷᠭᠤᠮᠠᠯ ᠂ ᠬᠥᠯᠦᠨ ᠪᠠᠯᠭᠠᠰᠤ ᠂
ᠠᠷ ᠬᠠᠱᠠᠲᠤ ᠪᠠᠯᠭᠠᠰᠤ ᠂ ᠳᠠᠯᠠᠢ ᠰᠤᠮᠤ ᠂
ᠪᠠᠭᠠᠳᠤ ᠤᠯᠠ ᠰᠤᠮᠤ ᠶᠢᠨ ᠨᠤᠲᠤᠭ ᠲᠤ
ᠲᠠᠷᠬᠠᠨ᠎ᠠ ᠃ ᠳᠠᠯᠠᠢ ᠰᠤᠮᠤ ᠶᠢᠨ ᠤᠪᠤᠷ
ᠪᠠᠭᠠᠳᠤ ᠤᠯᠠ ᠳ᠋ᠤ ᠭᠡᠷᠡᠯ ᠵᠢᠷᠤᠭᠯᠠᠪᠠ ᠃

五、蓼科 Polygonaceae

1. 波叶大黄 *Rheum rhabarbarum* L.

别名：长叶波叶大黄

蓼科，大黄属，多年生草本。散生于石质山坡、碎石坡麓及冲刷沟。药用植物。分布于呼伦镇、阿日哈沙特镇、达赉苏木、宝格德乌拉苏木。拍摄于达赉苏木乌布格德乌拉。

ᠨᠠᠪᠴᠢ ᠶᠢᠨ ᠲᠤᠯᠠ ᠁

ᠠᠰᠢᠭᠯᠠᠬᠤ ᠤᠷᠭᠤᠮᠠᠯ ᠃ ᠳᠠᠯᠠᠢ
ᠰᠤᠮᠤ ᠶᠢᠨ ᠨᠤᠲᠤᠭ ᠲᠤ ᠲᠠᠷᠬᠠᠨ᠎ᠠ ᠃
ᠳᠠᠯᠠᠢ ᠰᠤᠮᠤ ᠶᠢᠨ ᠬᠠᠢᠷ ᠬᠠᠨ
ᠤᠯᠠ ᠶᠢᠨ ᠤᠮᠠᠷᠠᠳᠤ ᠳ᠋ᠤ ᠭᠡᠷᠡᠯ
ᠵᠢᠷᠤᠭᠯᠠᠪᠠ ᠃

2. 华北大黄 *Rheum franzenbachii* Munt.

别名：山大黄、土大黄、子黄、峪黄

蓼科，大黄属，多年生草本。散生于石质山坡、砾石质坡地、沟谷。药用植物。分布于达赉苏木。拍摄于达赉苏木海日罕乌拉北。

ᠨᠣᠬᠠᠢ ᠢᠨ ᠪᠠᠯᠴᠢᠷᠭᠠᠨ᠎ᠠ

3. 小酸模 *Rumex acetosella* L.

蓼科，酸模属，多年生草本。生于沙地、丘陵坡地、砾石地、路旁。夏、秋季节绵羊、山羊采食其嫩枝叶。分布于达赉苏木、呼伦镇。拍摄于达赉苏木乌布格德乌拉北。

4. 酸模 *Rumex acetosa* L.

别名：山羊蹄、酸溜溜、酸不溜

蓼科，酸模属，多年生草本。生于山地林缘、草甸、路旁。药用植物。嫩茎叶味酸，可作蔬菜食用。夏季山羊、绵羊乐意采食其绿叶。分布于呼伦镇、阿日哈沙特镇、阿拉坦额莫勒镇。拍摄于阿贵洞西。

ᠲᠦᠷᠦᠭᠦᠤ ᠨᠠᠪᠴᠢᠲᠤ ᠬᠦᠴᠢᠯ ᠡᠪᠡᠰᠦ᠃

᠄᠄ ᠰᠢᠷᠠᠯᠵᠢᠨ ᠤ ᠢᠵᠠᠭᠤᠷ ᠂ ᠬᠦᠴᠢᠯ ᠡᠪᠡᠰᠦᠨ ᠤ ᠲᠦᠷᠦᠯ ᠂ ᠤᠯᠠᠨ ᠵᠢᠯ ᠤᠨ ᠡᠪᠡᠰᠦᠯᠢᠭ ᠤᠷᠭᠤᠮᠠᠯ᠃

5. 毛脉酸模 *Rumex gmelinii* Turcz. ex. Ledeb.

蓼科，酸模属，多年生草本。生于河岸、山地林缘、草甸。药用植物。分布于呼伦镇、达赉苏木。拍摄于呼伦镇都乌拉东。

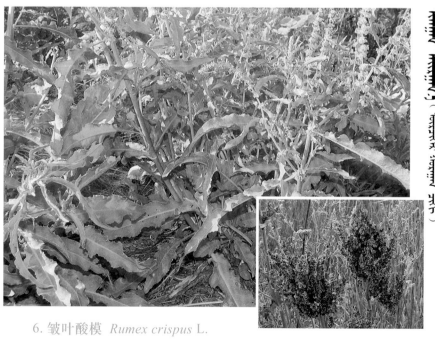

6. 皱叶酸模 *Rumex crispus* L.

别名：羊蹄、土大黄

蓼科，酸模属，多年生草本。生于山地、沟谷、河边。药用植物。分布于阿拉坦额莫勒镇、乌尔逊河沿岸。拍摄于乌尔逊河边。

ᠬᠠᠪᠲᠠᠭᠠᠢ ᠨᠠᠪᠴᠢᠲᠤ ᠴᠢᠭᠢᠭ᠌

ᠢᠢᠨ ᠡᠪᠡᠰᠦ ᠄᠄

᠁ ᠄᠄ ᠮᠠᠨᠳᠤ᠂ ᠵᠢᠯ ᠦᠨ ᠤᠷᠭᠤᠮᠠᠯ᠃ ᠴᠢᠭᠢᠭ᠌ ᠲᠡᠢ ᠨᠠᠮᠤᠭ ᠲᠤ ᠤᠷᠭᠤᠨ᠎ᠠ᠃ ᠡᠮ ᠦᠨ ᠤᠷᠭᠤᠮᠠᠯ᠃ ᠠᠯᠲᠠᠨ ᠡᠮᠦᠯᠡ ᠪᠠᠯᠭᠠᠰᠤ ᠪᠠᠷ ᠲᠠᠷᠬᠠᠨ᠎ᠠ᠃

7. 狭叶酸模 *Rumex stenophyllus* Ledeb.

蓼科，酸模属，多年生草本。生于低湿草甸。药用植物。分布于阿拉坦额莫勒镇。拍摄于阿拉坦额莫勒镇北桥边。

ᠪᠠᠲᠤ ᠴᠢᠭᠢᠭ᠌ (ᠠᠭᠤᠯᠠ ᠶᠢᠨ ᠰᠠᠭᠠᠭ)

ᠢᠢᠨ ᠡᠪᠡᠰᠦ ᠄᠄

ᠥᠭᠡᠷ᠎ᠡ ᠨᠡᠷ᠎ᠡ ᠄᠄ ᠠᠭᠤᠯᠠ ᠶᠢᠨ ᠰᠠᠭᠠᠭ᠂ ᠬᠤᠨᠢᠨ ᠲᠤᠭᠤᠷᠠᠢᠲᠤ ᠨᠠᠪᠴᠢ᠃ ᠁ ᠄᠄ ᠮᠠᠨᠳᠤ᠂ ᠵᠢᠯ ᠦᠨ ᠤᠷᠭᠤᠮᠠᠯ᠃ ᠭᠤᠣᠯ ᠤᠨ ᠬᠥᠪᠡᠭᠡ᠂ ᠴᠢᠭᠢᠭ᠌ ᠲᠡᠢ ᠨᠠᠮᠤᠭ᠂ ᠵᠠᠮ ᠤᠨ ᠬᠠᠵᠠᠭᠤ ᠪᠠᠷ ᠤᠷᠭᠤᠨ᠎ᠠ᠃ ᠡᠮ ᠦᠨ ᠤᠷᠭᠤᠮᠠᠯ᠃ ᠬᠤᠰᠢᠭᠤᠨ ᠤ ᠭᠠᠵᠠᠷ ᠪᠦᠷᠢ ᠪᠡᠷ ᠲᠠᠷᠬᠠᠨ᠎ᠠ᠃

8. 巴天酸模 *Rumex patientia* L.

别名：山荞麦、羊蹄叶、牛西西

蓼科，酸模属，多年生草本。生于河流两岸、低湿地、村边、路边。药用植物。分布于全旗各地。拍摄于阿拉坦额莫勒镇北路边。

ᠬᠣᠨᠳᠠᠭᠠᠨ᠎ᠠ ᠲᠥᠷᠦᠭᠦᠤ

ᠨᠢᠭᠡ ᠵᠢᠯ ᠤᠨ ᠡᠪᠡᠰᠤ᠃ ᠭᠣᠣᠯ ᠤᠨ ᠡᠷᠭᠢ᠂ ᠨᠠᠭᠤᠷ ᠤᠨ ᠬᠥᠪᠡᠭᠡ ᠵᠢᠨ ᠨᠠᠮᠤᠭ᠂ ᠬᠠᠭᠤᠷᠠᠢ ᠭᠠᠵᠠᠷ ᠲᠤ ᠤᠷᠭᠤᠨ᠎ᠠ᠃ ᠡᠮ ᠤᠨ ᠤᠷᠭᠤᠮᠠᠯ᠃

9. 长刺酸模 *Rumex maritimus* L.

蓼科，酸模属，一年生草本。生于河流沿岸、湖滨盐化低地。药用植物。分布于呼伦湖、乌尔逊河沿岸、乌兰泡、克尔伦河岸。拍摄于克尔伦河岸。

ᠳᠠᠪᠤᠰᠤᠯᠢᠭ ᠲᠥᠷᠦᠭᠦᠤ

ᠨᠢᠭᠡ ᠵᠢᠯ ᠤᠨ ᠡᠪᠡᠰᠤ᠃ ᠨᠠᠭᠤᠷ ᠤᠨ ᠬᠥᠪᠡᠭᠡ᠂ ᠭᠣᠣᠯ ᠤᠨ ᠡᠷᠭᠢ ᠵᠢᠨ ᠨᠠᠮᠤᠭ᠂ ᠨᠠᠮᠤᠭ ᠭᠠᠵᠠᠷ ᠲᠤ ᠤᠷᠭᠤᠨ᠎ᠠ᠃

10. 盐生酸模 *Rumex marschallianus* Rchb.

别名：马氏酸模

蓼科，酸模属，一年生草本。生于湖滨、河岸低湿地、泥泞地。分布于乌尔逊河岸、克尔伦河岸。拍摄于乌尔逊河岸。

ᠪᠠᠷᠠᠭᠤᠨ ᠬᠣᠶᠢᠳᠣ ᠶᠢᠨ ᠮᠣᠳᠣᠯᠢᠭ ᠤᠯᠠᠭᠠᠨ ᠰᠦᠷᠦᠭ

11. 东北木蓼 *Atraphaxis manshurica* Kitag.

别名：东北针枝蓼。

蓼科，木蓼属，灌木。生于沙地和碎石质坡地。可作固沙植物。分布于克尔伦苏木、宝格德乌拉苏木。拍摄于克尔伦苏木哈力米音哈日陶勒盖。

12. 萹蓄 *Polygonum aviculare* L.

别名：萹竹竹、异叶蓼

蓼科，蓼属，一年生草本。群生或散生于田野、路边、村舍附近、河边湿地等处。药用植物。分布于全旗各地。拍摄于克尔伦苏木白音乌拉居民点。

ᠬᠣᠶᠠᠷ ᠠᠮᠢᠳᠤ

13. 两栖蓼 *Polygonum amphibium* L.

别名：醋柳

蓼科，蓼属，多年生草本。生于河溪岸边、湖滨、低湿地、农田。分布于克尔伦河两岸、乌尔逊河岸、乌兰泡。拍摄于克尔伦河。

ᠳᠣᠳᠣ ᠠᠮᠢᠳᠤ

14. 桃叶蓼 *Polygonum persicaria* L.

蓼科，蓼属，一年生草本。生长于河岸和低湿地。分布于克尔伦河边。拍摄于克尔伦河边。

ᠤᠰᠤᠨ ᠴᠠᠭᠠᠨ
（ᠭᠠᠰᠢᠭᠤᠨ ᠴᠠᠭᠠᠨ）

15. 水蓼 *Polygonum hydropiper* L.

别名：辣蓼

蓼科，蓼属，一年生草本。多散生和群生于低湿地、水边、路旁。药用植物。分布于全旗各地。拍摄于乌尔逊河边。

ᠤᠯᠠᠭᠠᠨ ᠴᠠᠭᠠᠨ

16. 酸模叶蓼 *Polygonum lapathifolium* L.

别名：旱苗蓼、大马蓼

蓼科，蓼属，一年生草本。多散生于低湿草甸、河谷草甸和山地草甸。药用植物。分布于阿拉坦额莫勒镇、呼伦镇。拍摄于阿拉坦额莫勒镇克尔伦桥边。

ᠰᠢᠪᠸᠷ ᠤᠨ ᠰᠢᠷᠠᠪᠲᠤᠷ ᠁

ᠲᠠᠷᠬᠠᠴᠠ ᠨᠢ ᠡᠮ ᠤᠨ ᠡᠳ᠋ ᠨᠡᠮ ᠤᠷᠭᠤᠮᠠᠯ ᠁ ᠲᠡᠮᠡᠭᠡ᠂ ᠬᠤᠨᠢ᠂ ᠢᠮᠠᠭᠠ ᠨᠢᠯᠬᠠ ᠨᠠᠮᠠᠭᠠ ᠨᠠᠪᠴᠢ ᠶᠢ ᠳᠤᠷᠠᠲᠠᠶ᠎ᠠ ᠢᠳᠡᠨ᠎ᠡ᠁

ᠰᠢᠪᠸᠷ ᠤᠨ ᠰᠢᠷᠠᠪᠲᠤᠷ ᠁ ᠰᠢᠷᠠᠪᠲᠤᠷ ᠤᠨ ᠢᠵᠠᠭᠤᠷ ᠤᠨ ᠰᠢᠷᠠᠪᠲᠤᠷ ᠤᠨ ᠲᠦᠷᠦᠯ ᠦᠨ

17. 西伯利亚蓼 *Polygonum sibiricum* Laxm.

别名：剪刀股、醋柳

蓼科，蓼属，多年生草本。生于盐化草甸、盐湿低地。药用植物。骆驼、绵羊、山羊乐意采食其嫩枝叶。分布于全旗各地。拍摄于达赉苏木乌布格德乌拉北。

ᠨᠠᠷᠢᠨ ᠨᠠᠪᠴᠢᠲᠤ ᠰᠢᠷᠠᠪᠲᠤᠷ ᠁

ᠲᠠᠷᠬᠠᠴᠠ ᠨᠢ ᠬᠥᠯᠥᠨ ᠪᠠᠯᠭᠠᠰᠤ᠂ ᠠᠷᠢ ᠬᠠᠰᠢᠶᠠᠲᠤ ᠪᠠᠯᠭᠠᠰᠤᠨ ᠳᠤ᠁ ᠬᠥᠯᠥᠨ ᠪᠠᠯᠭᠠᠰᠤᠨ ᠤ ᠳᠤ ᠤᠯᠠᠨ ᠳᠤ᠁

ᠨᠣᠭᠤᠭᠠᠨ ᠰᠢᠷᠭᠡᠭ ᠪᠠᠶᠢᠬᠤ ᠳᠤ ᠦᠬᠡᠷ᠂ ᠬᠤᠨᠢ᠂ ᠠᠳᠤᠭᠤ᠂ ᠲᠡᠮᠡᠭᠡ ᠳᠤᠷᠠᠲᠠᠶ᠎ᠠ ᠢᠳᠡᠨ᠎ᠡ᠂ ᠬᠠᠲᠠᠭᠰᠠᠨ ᠤ ᠳᠠᠷᠠᠭ᠎ᠠ ᠢᠳᠡᠬᠦ ᠨᠢ ᠮᠠᠭᠤ᠁

ᠨᠠᠷᠢᠨ ᠨᠠᠪᠴᠢᠲᠤ ᠰᠢᠷᠠᠪᠲᠤᠷ （ᠨᠠᠷᠢᠨ ᠨᠠᠪᠴᠢᠲᠤ）

18. 细叶蓼 *Polygonum angustifolium* Pall.

蓼科，蓼属，多年生草本。生于山地林缘、草甸草原。青鲜状态牛、羊、马、骆驼乐食，干后采食较差。分布于呼伦镇、阿日哈沙特镇。拍摄于呼伦镇都乌拉。

ᠮᠠᠲᠠᠷ ᠡᠪᠡᠰᠤ

ᠮᠠᠲᠠᠷ ᠡᠪᠡᠰᠤ ᠶᠢᠨ ᠡᠮ ᠦᠨ ᠤᠷᠭᠤᠮᠠᠯ ᠃

19. 叉分蓼 *Polygonum divaricatum* L.

别名：酸不溜

蓼科，蓼属，多年生草本。生于森林草原、山地草原、固定沙地。青鲜的或干后的茎叶绵羊、山羊乐食，马、骆驼有时也采食一些。分布于呼伦镇、达赉苏木。拍摄于呼伦镇都乌拉北。

ᠠᠭᠤᠯᠠ ᠶᠢᠨ ᠮᠠᠲᠠᠷ

ᠠᠭᠤᠯᠠ ᠶᠢᠨ ᠮᠠᠲᠠᠷ ᠡᠪᠡᠰᠤ ᠃

20. 高山蓼 *Polygonum alpinum* All.

别名：兴安蓼

蓼科，蓼属，多年生草本。生于林缘草甸和山地杂类草草甸。药用植物。牛与绵羊乐食其枝叶。分布于呼伦镇。拍摄于呼伦镇查干陶勒盖南。

21. 苦荞麦 *Fagopyrum tataricum*（L.）Gaertn.

别名：野荞麦、胡食子

蓼科，荞麦属，一年生草本。生于田边、荒地、路旁和村舍附近。分布于全旗各地。拍摄于达赉苏木巴嘎双乌拉东棚舍。

22. 蔓首乌 *Fallopia convolvula*（L.）A. Love

别名：卷茎蓼

蓼科，首乌属，一年生草本。生于山地、草甸和农田。分布于阿拉坦额莫勒镇、呼伦镇、达赉苏木、克尔伦苏木。拍摄于阿拉坦额莫勒镇西庙。

ᠮᠠᠯ ᠤᠨ ᠢᠳᠡᠰᠢᠨ᠎ᠤ ᠡᠪᠡᠰᠦ᠂ ᠪᠦᠷᠢᠳᠬᠡᠭᠰᠡᠨ ᠪᠠᠶᠢᠨ᠎ᠠ᠃ ᠲᠡᠭᠦᠨ᠎ᠤ ᠰᠢᠷᠭᠡᠭ᠌᠂ ᠨᠠᠷᠢᠨ ᠨᠠᠪᠴᠢᠳᠤ ᠬᠤᠵᠢᠷ ᠰᠢᠷᠭᠡᠭ᠌᠂ ᠨᠠᠷᠢᠨ ᠨᠠᠪᠴᠢᠳᠤ

六、藜科 Chenopodiaceae

1. 盐爪爪 *Kalidium foliatum* (Pall.) Moq. -Tandon

别名：着叶盐爪爪、碱柴、灰碱柴

藜科，盐爪爪属，半灌木。广布于草原区和荒漠区的盐碱土上。分布阿拉坦额莫勒镇、克尔伦苏木、宝格德乌拉苏木、达赉苏木。拍摄于克尔伦苏木呼乌拉北。

ᠨᠠᠷᠢᠨ ᠰᠢᠷᠭᠡᠭ᠌ ᠬᠤᠵᠢᠷ ᠰᠢᠷᠭᠡᠭ᠌ (ᠨᠤᠭᠤᠭᠠᠨ ᠬᠤᠵᠢᠷ ᠰᠢᠷᠭᠡᠭ᠌)

2. 细枝盐爪爪 *Kalidium gracile* Fenzl

别名：绿碱柴

藜科，盐爪爪属，半灌木。生于草原区和荒漠区的盐碱土上。水土保持植物。青鲜状态除骆驼少量采食外其他家畜均不食。分布于克尔伦河以南草原。拍摄于克尔伦苏木呼乌拉北。

3. 碱蓬 *Suaeda glauca* (Bunge) Bunge

别名：猪尾巴草、灰绿碱蓬

藜科，碱蓬属，一年生草本。群聚和零星生长于盐渍化和盐碱湿润的土壤上。一种良好的油料植物。骆驼采食，山羊、绵羊采食较少。分布于本旗各地盐渍化土壤上。拍摄于克尔伦苏木呼乌拉北。

4. 角果碱蓬 *Suaeda corniculata* (C. A. Mey.) Bunge

藜科，碱蓬属，一年生草本。群聚和零星生长于盐碱或盐湿土壤上。分布于阿拉坦额莫勒镇、克尔伦苏木、达赉苏木。拍摄于达赉苏木乌布格德乌拉东北。

ᠨᠠᠪᠴᠢ ᠨᠢ᠄ ᠡᠷᠭᠡᠭᠦᠯᠦᠭᠰᠡᠨ ᠥᠭᠡᠷ᠎ᠡ ᠶᠢᠨ ᠳᠡᠭᠡᠷ᠎ᠡ ᠤᠷᠭᠤᠳᠠᠭ᠃ ᠬᠥᠯᠥᠨ ᠨᠠᠭᠤᠷ ᠤᠨ ᠡᠮᠦᠨ᠎ᠡ ᠡᠮᠦᠨ᠎ᠡ ᠵᠦᠭ ᠲᠦ ᠵᠢᠷᠤᠭᠯᠠᠪᠠ᠃

5. 盐地碱蓬 *Suaeda Salsa* (L.) Pall.

别名：黄须菜、翅碱蓬

藜科，碱蓬属，一年生草本。生于盐碱或盐湿土壤上。分布于全旗各地。拍摄于呼伦湖西南。

ᠨᠠᠪᠴᠢ ᠨᠢ᠄ ᠡᠯᠡᠰᠦᠯᠢᠭ ᠪᠣᠯᠤᠨ ᠡᠯᠡᠰᠦᠯᠢᠭ ᠬᠠᠢᠷᠭᠠᠯᠢᠭ ᠰᠢᠷᠤᠢᠨ ᠤ ᠳᠡᠭᠡᠷ᠎ᠡ ᠤᠷᠭᠤᠳᠠᠭ᠃ ᠵᠤᠨ ᠤ ᠤᠯᠠᠷᠢᠯ ᠳᠤ ᠮᠣᠷᠢ ᠳᠤᠷᠠᠲᠠᠢ ᠢᠳᠡᠳᠡᠭ᠃ ᠨᠠᠮᠤᠷ ᠤᠨ ᠤᠯᠠᠷᠢᠯ ᠳᠤ ᠬᠣᠨᠢ᠂ ᠢᠮᠠᠭ᠎ᠠ᠂ ᠲᠡᠮᠡᠭᠡ ᠳᠤᠷᠠᠲᠠᠢ ᠢᠳᠡᠳᠡᠭ᠃

6. 雾冰藜 *Bassia dasyphylla* (Fisch. et C. A. Mey.) 0. Kuntze

别名：巴西藜、肯诺藜、五星蒿、星状刺果藜

藜科，雾冰藜属，一年生草本。生于沙质和沙砾质土壤上。夏季秋初为马乐食，秋季绵羊、山羊、骆驼乐食。分布于呼伦镇、克尔伦苏木、宝格德乌拉苏木。拍摄于宝格德乌拉沙地南。

ᠬᠠᠷᠭᠠᠨ᠎ᠠ ᠬᠠᠮᠬᠠᠭᠤᠯ

ᠬᠠᠷᠭᠠᠨ᠎ᠠ ᠬᠠᠮᠬᠠᠭᠤᠯ ᠨᠢ ᠨᠢᠭᠡ ᠨᠠᠰᠤᠲᠤ ᠡᠪᠡᠰᠦ᠃ ᠡᠯᠡᠰᠦᠲᠦ ᠪᠤᠶᠤ ᠡᠯᠡᠰᠦᠨ ᠰᠢᠷᠤᠢᠲᠤ ᠭᠠᠵᠠᠷ ᠲᠤ ᠤᠷᠭᠤᠨ᠎ᠠ᠃ ᠲᠠᠷᠢᠶᠠᠨ ᠳᠤ ᠤᠷᠤᠪᠠᠯ ᠬᠣᠭ ᠤᠷᠭᠤᠮᠠᠯ ᠪᠣᠯᠤᠨ᠎ᠠ᠃

7. 刺沙蓬 *Salsola tragus* L.

别名：沙蓬、苏联猪毛菜

藜科，猪毛菜属，一年生草本。生于砂质或砂砾质土壤上，喜疏松土壤，也进入农田成为杂草。分布于克尔伦苏木、呼伦湖边。拍摄于克尔伦苏木固日班尼阿日山西。

ᠬᠠᠮᠬᠠᠭᠤᠯ

ᠬᠠᠮᠬᠠᠭᠤᠯ ᠨᠢ ᠨᠢᠭᠡ ᠨᠠᠰᠤᠲᠤ ᠡᠪᠡᠰᠦ᠃ ᠵᠥᠭᠡᠯᠡᠨ ᠡᠯᠡᠰᠦᠨ ᠰᠢᠷᠤᠢᠲᠤ ᠭᠠᠵᠠᠷ ᠲᠤ ᠤᠷᠭᠤᠨ᠎ᠠ᠃ ᠡᠮ ᠤᠨ ᠤᠷᠭᠤᠮᠠᠯ᠃ ᠨᠣᠭᠣᠭᠠᠨ ᠪᠤᠶᠤ ᠬᠠᠲᠠᠭᠰᠠᠨ ᠤ ᠳᠠᠷᠠᠭ᠎ᠠ ᠲᠡᠮᠡᠭᠡ ᠳᠤᠷᠠᠲᠠᠢ ᠢᠳᠡᠨ᠎ᠡ᠃ ᠬᠣᠨᠢ ᠢᠮᠠᠭ᠎ᠠ ᠨᠣᠭᠣᠭᠠᠨ ᠳᠤᠨᠢ ᠢᠳᠡᠨ᠎ᠡ᠃

8. 猪毛菜 *Salsola collina* Pall.

别名：山叉明棵、札蓬棵、沙蓬

藜科，猪毛菜属，一年生草本。喜生于松软的沙质土壤上。药用植物。青鲜状态或干枯后均为骆驼所喜食，绵羊、山羊在青鲜时乐食，干枯后则利用较差，牛马稍采食。分布于全旗各地。拍摄于达赉苏木乌布格德乌拉北。

ᠬᠠᠯᠠᠭᠠᠰᠤᠨ ᠡᠪᠡᠰᠦ (ᠬᠠᠯᠠᠭᠠᠰᠤᠨ)

9. 盐生草 *Halogeton glomeratus* (Marschall von Bieb.) C. A. Mey.

藜科，盐生草属，一年生草本。生于轻度盐渍化的黏壤土质或沙砾质、砾质戈壁滩上。分布于全旗盐渍化草地。拍摄于克尔伦苏木胡查乌拉西。

ᠰᠦᠯᠵᠢᠭᠡᠷ ᠡᠪᠡᠰᠦ

10. 蛛丝蓬 *Micropeplis arachnoidea* (Moq. - Tandon) Bunge

别名：蛛丝盐生草、白茎盐生草、小盐大戟

藜科，蛛丝蓬属，一年生草本。多生于碱化土壤、石质残丘覆沙坡地、沟谷干河床沙地或砾石戈壁滩上。骆驼乐食，山羊、绵羊采食较差。分布于阿日哈沙特镇、阿拉坦额莫勒镇、克尔伦苏木、宝格德乌拉苏木。拍摄于阿拉坦额莫勒镇克尔伦桥下。

ᠬᠤᠮᠤᠯᠢ

ᠬᠦᠮᠦᠯᠢ ᠵᠢᠨ ᠡᠪᠡᠰᠦ᠂ ᠨᠢᠭᠡ ᠨᠠᠰᠤᠲᠤ ᠡᠯᠡᠰᠦᠨ ᠤᠷᠭᠤᠮᠠᠯ᠃ ᠤᠷᠤᠰᠬᠤ᠂ ᠬᠠᠭᠠᠰ ᠤᠷᠤᠰᠬᠤ ᠡᠯᠡᠰᠦ ᠪᠣᠯᠤᠨ ᠡᠯᠡᠰᠦᠨ ᠳᠤᠪᠤᠷᠬᠠᠭ ᠲᠤ ᠤᠷᠭᠤᠨ᠎ᠠ᠃

11. 沙蓬 *Agriophyllum squarrosum* (L.) Moq. - Tandon

别名：沙米、登相子

藜科，沙蓬属，一年生沙生植物。生于流动、半流动沙地和沙丘。防风固沙，骆驼终年喜食。山羊、绵羊仅乐食其幼嫩的茎叶，牛、马采食较差。分布于宝格德乌拉苏木、呼伦湖边沙丘。拍摄于宝格德乌拉沙地。

ᠬᠦᠨᠳᠡᠭᠡᠨ᠎ᠡ

12. 兴安虫实 *Corispermum chinganicum* Iljin

别名：小果兴安虫实

藜科，虫实属，一年生沙生植物。生于沙质土壤上。骆驼青绿时采食，干枯后十分喜食。绵羊、山羊在青绿时采食较少，秋冬采食，马稍食，牛通常不食。分布于呼伦湖河岸。拍摄于呼伦湖西南。

ᠮᠣᠩᠭᠤᠯ ᠬᠢᠭᠠᠰᠤᠲᠤ (ᠡᠪᠡᠰᠤᠨ ᠦ ᠲᠦᠷᠦᠯ)

ᠮᠣᠩᠭᠤᠯ ᠤᠨ ᠬᠢᠭᠠᠰᠤᠲᠤ᠂ ᠡᠪᠡᠰᠤᠨ ᠦ ᠲᠦᠷᠦᠯ᠂ ᠨᠢᠭᠡ ᠨᠠᠰᠤᠲᠤ ᠡᠯᠡᠰᠤᠨ ᠳᠤ ᠤᠷᠭᠤᠳᠠᠭ ᠤᠷᠭᠤᠮᠠᠯ᠃ ᠡᠯᠡᠰᠤᠷᠬᠡᠭ ᠰᠢᠷᠤᠢ᠂ ᠭᠤᠪᠢ ᠪᠠ ᠡᠯᠡᠰᠤᠨ ᠲᠣᠪᠤ ᠳᠤ ᠤᠷᠭᠤᠨ᠎ᠠ᠃ ᠪᠣᠭᠳᠠ ᠤᠯᠠᠭᠠᠨ ᠰᠤᠮᠤ ᠳᠤ ᠲᠠᠷᠬᠠᠨ᠎ᠠ᠃

13. 蒙古虫实 *Corispermum mongolicum* Iljin

藜科，虫实属，一年生沙生植物。生于砂质土壤、戈壁和沙丘上。分布于宝格德乌拉苏木。拍摄于宝格德乌拉沙地。

ᠣᠷᠤᠭᠤ ᠬᠢᠭᠠᠰᠤᠲᠤ (ᠡᠪᠡᠰᠤᠨ ᠦ ᠲᠦᠷᠦᠯ)

ᠣᠷᠤᠭᠤ ᠬᠢᠭᠠᠰᠤᠲᠤ᠂ ᠡᠪᠡᠰᠤᠨ ᠦ ᠲᠦᠷᠦᠯ᠂ ᠨᠢᠭᠡ ᠨᠠᠰᠤᠲᠤ ᠡᠯᠡᠰᠤᠨ ᠳᠤ ᠤᠷᠭᠤᠳᠠᠭ ᠤᠷᠭᠤᠮᠠᠯ᠃ ᠡᠯᠡᠰᠤᠷᠬᠡᠭ ᠰᠢᠷᠤᠢ ᠪᠠ ᠲᠣᠭᠲᠠᠪᠤᠷᠢᠲᠤ ᠡᠯᠡᠰᠤᠨ ᠲᠣᠪᠤ ᠳᠤ ᠤᠷᠭᠤᠨ᠎ᠠ᠃ ᠲᠡᠮᠡᠭᠡ ᠨᠣᠭᠤᠭᠠᠷᠠᠬᠤ ᠦᠶᠡᠰ ᠢᠳᠡᠨ᠎ᠡ᠂ ᠬᠠᠲᠠᠭᠰᠠᠨ ᠤ ᠳᠠᠷᠠᠭ᠎ᠠ ᠲᠤᠩ ᠳᠤᠷᠠᠲᠠᠢ ᠢᠳᠡᠨ᠎ᠡ᠃

14. 绳虫实 *Corispermum declinatum* Steph. ex Iljin

藜科，虫实属，一年生沙生植物。生于砂质土壤和固定沙丘上。骆驼青绿时采食，干枯后十分喜食。绵羊、山羊在青绿时采食较少，秋冬采食，马稍食，牛通常不食。分布于达赉苏木。拍摄于达赉苏木朱勒格图西。

ᠵᠢᠭᠡᠰᠦᠨ ᠴᠠᠭᠠᠨ (ᠮᠣᠩᠭᠣᠯ)

15. 轴藜 *Axyris amaranthoides* L.

藜科，轴藜属，一年生草本。散生于沙质撂荒地和居民点周围。分布于克尔伦河以北草原。拍摄于呼伦镇查干陶勒盖北居民点。

16. 杂配轴藜 *Axyris hybrida* L.

藜科，轴藜属，一年生草本。生于沙质撂荒地上，固定沙地、干河床。分布于呼伦镇、阿日哈沙特镇、阿拉坦额莫勒镇、达赉苏木。拍摄于阿日哈沙特镇达拉特西。

ᠮᠣᠳᠣᠯᠢᠭ ᠰᠢᠷᠠᠯᠵᠢ

ᠬᠡᠮᠡᠬᠦ ᠁ ᠨᠢᠯᠬᠠ ᠢᠰᠬᠡᠯᠵᠢ ᠶ᠋ᠢᠨ ᠨᠢᠯᠬᠠ ᠰᠠᠭᠠᠭ ᠢ᠋ᠢ ᠢᠳᠡᠵᠦ ᠪᠣᠯᠣᠨ᠎ᠠ ᠁ ᠪᠦᠬᠦ ᠬᠣᠰᠢᠭᠤ ᠪᠠᠷ ᠲᠠᠷᠬᠠᠨ ᠤᠷᠭᠤᠨ᠎ᠠ ᠂ ᠾᠠᠶᠢᠯᠠᠷ ᠬᠣᠲᠠ ᠶ᠋ᠢᠨ ᠤᠮᠠᠷᠠ ᠵᠦᠭ ᠲᠦ ᠵᠢᠷᠤᠭ ᠠᠪᠤᠪᠠ ᠁

17. 木地肤　*Kochia prostrata*（L.）Schrad.

别名：伏地肤

藜科，地肤属，小半灌本。生于森林草原，典型草原，草原化荒漠群落中。分布于全旗各地。拍摄于阿拉坦额莫勒镇西公路旁。

18. 地肤　*Kochia scoparia*（L.）Schrad.

别名：扫帚菜

藜科，地肤属，一年生草本。生于摞荒地、路旁、村边。药用植物。嫩茎叶可供食用。分布于全旗各地。拍摄于克尔伦苏木呼乌拉北。

ᠨᠠᠭᠠᠳᠤ ᠬᠠᠷ᠎ᠠ ᠶᠢᠨ᠎ᠠ ᠭᠡᠵᠦ ᠨᠡᠷ᠎ᠠ : ᠲᠠᠷᠢᠶᠠᠯᠠᠩ ᠤᠨ ᠬᠥᠷᠥᠰᠦ ᠲᠠᠢ ᠭᠠᠵᠠᠷ᠂ ᠬᠤᠵᠢᠷ ᠬᠤᠵᠢᠷ ᠬᠥᠷᠥᠰᠦ ᠲᠠᠢ ᠭᠠᠵᠠᠷ ᠤᠷᠭᠤᠨ᠎ᠠ᠃ ᠨᠡᠶᠢᠲᠡ ᠬᠤᠰᠢᠭᠤᠨ ᠳᠤ ᠲᠠᠷᠬᠠᠨ ᠤᠷᠭᠤᠨ᠎ᠠ᠃

(ᠵᠢᠭᠠᠷ᠎ᠠ ᠡᠪᠡᠰᠦ)

19. 碱地肤 *Kochia sieversiana* (Pall.) C. A. Mey.

别名：秃扫儿

藜科，地肤属，一年生草本。生于盐碱化的低湿地和质地疏松的撂荒地上。分布于全旗各地。拍摄于阿拉坦额莫勒镇东。

ᠰᠢᠷᠠᠯᠵᠢᠨ ᠬᠤᠵᠢᠷ ᠤᠨ᠎ᠠ ᠭᠡᠵᠦ ᠨᠡᠷ᠎ᠠ : ᠬᠤᠵᠢᠷᠲᠤ ᠭᠠᠵᠠᠷ ᠤᠷᠭᠤᠨ᠎ᠠ᠃ ᠬᠥᠯᠥᠨ ᠨᠠᠭᠤᠷ ᠤᠨ ᠬᠥᠪᠡᠭᠡᠨ ᠤ ᠬᠤᠵᠢᠷᠲᠤ ᠨᠤᠭᠤ᠂ ᠤᠷᠰᠤᠨ ᠭᠤᠤᠯ ᠤᠨ ᠬᠥᠪᠡᠭᠡᠨ ᠳᠤ ᠤᠷᠭᠤᠨ᠎ᠠ᠃

(ᠬᠤᠵᠢᠷ ᠤᠨ᠎ᠠ)

20. 滨藜 *Atriplex patens* (Litv.) Iljin

别名：碱灰菜

藜科，滨藜属，一年生草本。生于盐渍化土壤上。分布于呼伦湖沿岸盐化草甸、乌尔逊河沿岸。拍摄于乌尔逊河沿岸。

21. 西伯利亚滨藜　*Atriplex sibirica* L.

别名：刺果粉藜、麻落粒

藜科，滨藜属，一年生草本。生于盐土和盐化土壤上、路边、居民点附近。药用植物。分布于全旗各地。拍摄于乌兰泡南。

22. 野滨藜　*Atriplex fera*（L.）Bunge

别名：三齿滨藜、三齿粉藜

藜科，滨藜属，一年生草本。生于湖滨、河岸、盐碱化低湿地、居民点、路旁、沟渠边。干枯后除马以外，各种家畜均乐食。分布于全旗各地。拍摄于阿拉坦额莫勒镇西南。

ᠪᠣᠳᠣᠭᠠᠨ᠎ᠠ

23. 矮藜 *Chenopodium minimum* W. Y. Wang et P. Y. Fu

藜科，藜属，一年生草本。生于山沟、干河床、撂荒地、田边、路旁沙质地。分布于全旗各地。拍摄于达赉苏木朱勒格图西路旁。

ᠪᠣᠷᠣ ᠨᠣᠭᠣᠭᠠᠨ ᠨᠣᠭᠣᠭ᠎ᠠ

24. 灰绿藜 *Chenopodium glaucum* L.

别名：水灰菜

藜科，藜属，一年生草本。生于居民点附近和轻度盐渍化农田。骆驼喜食，又为养猪的良好饲料。分布于全旗各地。拍摄于阿拉坦额莫勒镇克尔伦桥下。

ᠲᠡᠭᠦᠵᠦ ᠢᠳᠡᠨ᠎ᠠ ︵ ᠵᠢᠷᠤᠭ ᠨᠢ ︶

25. 尖头叶藜 *Chenopodium acuminatum* Willd.

别名：绿珠藜、渐尖藜、由杓杓

藜科，藜属，一年生草本。生于盐碱地、河岸沙质地、居民点附近及草原群落中。幼嫩时可食用。开花结实后，山羊、绵羊采食籽实。分布于全旗各地。拍摄于克尔伦苏木莫日斯格居民点。

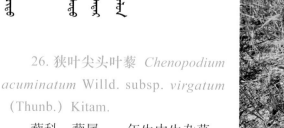

26. 狭叶尖头叶藜 *Chenopodium acuminatum* Willd. subsp. *virgatum* (Thunb.) Kitam.

藜科，藜属，一年生中生杂草。生于草原区的湖边荒地。分布于呼伦湖、克尔伦河边。拍摄于呼伦湖西。

ᠲᠡᠮᠡᠭᠡᠨ
ᠨᠣᠭᠤᠭᠠ

ᠲᠡᠮᠡᠭᠡᠨ ᠤ ᠡᠪᠡᠰᠤ ᠀
ᠨᠢᠭᠡ ᠨᠠᠰᠤᠲᠤ ᠡᠪᠡᠰᠤᠯᠢᠭ ᠤᠷᠭᠤᠮᠠᠯ ᠃
ᠬᠤᠵᠢᠷᠯᠢᠭ ᠬᠥᠨᠳᠡᠢ ᠂ ᠡᠯᠳᠡᠪ ᠡᠪᠡᠰᠤᠲᠤ
ᠬᠥᠨᠳᠡᠢ ᠂ ᠬᠠᠭᠤᠷᠠᠢ ᠭᠠᠵᠠᠷ ᠪᠠ ᠰᠠᠭᠤᠷᠢᠨ ᠤ
ᠣᠢᠷᠠᠯᠴᠠᠭ᠎ᠠ ᠤᠷᠭᠤᠨ᠎ᠠ ᠃ ᠠᠯᠲᠠᠨᠡᠮᠡᠯ

27. 东亚市藜 *Chenopodium urbicum* L. subsp. *sinicum* H. W. Kung et G. L. Chu

藜科，藜属，一年生草本。生于盐化草甸、杂类草草甸、撂荒地和居民点附近。分布于阿拉坦额莫勒镇。拍摄于阿拉坦额莫勒镇邮政局东。

ᠲᠡᠮᠡᠭᠡᠨ
ᠨᠣᠭᠤᠭᠠ
(ᠶᠡᠬᠡ
ᠨᠠᠪᠴᠢᠲᠤ
ᠲᠡᠮᠡᠭᠡᠨ
ᠨᠣᠭᠤᠭᠠ)

ᠲᠡᠮᠡᠭᠡᠨ ᠤ ᠡᠪᠡᠰᠤ ᠀
ᠨᠢᠭᠡ ᠨᠠᠰᠤᠲᠤ ᠡᠪᠡᠰᠤᠯᠢᠭ ᠤᠷᠭᠤᠮᠠᠯ ᠃
ᠣᠢ ᠶᠢᠨ ᠬᠥᠪᠡᠭᠡ ᠂ ᠠᠭᠤᠯᠠᠲᠤ ᠭᠠᠵᠠᠷ ᠤᠨ
ᠬᠥᠨᠳᠡᠢ ᠂ ᠭᠤᠤᠯ ᠤᠨ ᠬᠥᠪᠡᠭᠡ ᠪᠠ
ᠰᠠᠭᠤᠷᠢᠨ ᠤ ᠣᠢᠷᠠᠯᠴᠠᠭ᠎ᠠ ᠤᠷᠭᠤᠨ᠎ᠠ ᠃
ᠬᠡᠷᠡᠯᠡᠨ ᠰᠤᠮᠤ

28. 杂配藜 *Chenopodium hybridum* L.

别名：大叶藜、血见愁

藜科，藜属，一年生草本。生于林缘、山地沟谷、河边及居民点附近。种子可榨油及酿酒，药用植物。分布于克尔伦苏木。拍摄于克尔伦苏木巴嘎哈拉金北沟谷。

ᠢᠮᠠᠭ᠎ᠠ

ᠢᠮᠠᠭ᠎ᠠ ᠶᠢᠨ ᠬᠦᠮᠦᠯᠢ ᠨᠢ ᠨᠢᠭᠡ ᠨᠠᠰᠤᠲᠤ ᠡᠪᠡᠰᠦᠯᠢᠭ ᠤᠷᠭᠤᠮᠠᠯ᠃ ᠨᠣᠢᠲᠠᠨ ᠪᠣᠯᠤᠨ ᠰᠡᠢᠷᠡᠭ ᠬᠥᠷᠥᠰᠦᠲᠦ ᠭᠠᠵᠠᠷ᠂ ᠲᠠᠷᠢᠶᠠᠨ ᠤ ᠵᠠᠪᠰᠠᠷ᠂ ᠵᠠᠮ ᠤᠨ ᠬᠥᠪᠡᠭᠡᠨ ᠳᠦ ᠤᠷᠭᠤᠨ᠎ᠠ᠃

29. 小藜 *Chenopodium ficifolium* Smith

　　藜科，藜属，一年生草本。生于潮湿和疏松的撂荒地、田间、路旁、垃圾堆。分布于阿拉坦额莫勒镇。拍摄于阿拉坦额莫勒镇克尔伦桥边。

ᠬᠠᠯᠢᠶᠠᠷ

ᠬᠠᠯᠢᠶᠠᠷ ᠤᠨ ᠬᠦᠮᠦᠯᠢ ᠨᠢ ᠨᠢᠭᠡ ᠨᠠᠰᠤᠲᠤ ᠡᠪᠡᠰᠦᠯᠢᠭ ᠤᠷᠭᠤᠮᠠᠯ᠃ ᠲᠠᠷᠢᠶᠠᠨ ᠤ ᠵᠠᠪᠰᠠᠷ᠂ ᠵᠠᠮ ᠤᠨ ᠬᠥᠪᠡᠭᠡ᠂ ᠬᠣᠭ ᠨᠣᠪᠰᠢᠲᠤ ᠭᠠᠵᠠᠷ ᠲᠤ ᠤᠷᠭᠤᠨ᠎ᠠ᠃

30. 藜 *Chenopodium album* L.

　　别名：白藜、灰菜

　　藜科，藜属，一年生草本。生长于田间、路旁、荒地、居民点附近和河岸低湿地。药用植物。一般以干枯时利用较好。分布于全旗各地。拍摄于达赉苏木乌布格德乌拉北。

31. 刺藜 *Dysphania aristata*（L.）
Mosyakin et Clemants

别名：野鸡冠子花、刺穗藜、针尖藜
藜科，刺藜属，一年生草本。生
于沙质地或固定沙地。药用植物。在夏
季各种家畜稍采食。分布于全旗各地。
拍摄于达赉苏木乌布格德乌拉北。

七、苋科 Amaranthaceae

1. 反枝苋 *Amaranthus retroflexus* L.

别名：西风古、野千穗谷、野苋菜

苋科，苋属，一年生草本。多生长于田间、路旁、住宅附近。药用植物。嫩茎叶可
食；为良好的养猪养鸡饲料。分布于全旗各地。拍摄于阿拉坦额莫勒镇西南。

ᠵᠢᠴᠤ ᠲᠠᠷᠢᠶᠠᠨ

ᠳᠠᠯᠠᠨ᠂ ᠵᠠᠮ ᠤᠨ ᠬᠥᠪᠡᠭᠡ ᠵᠡᠷᠭᠡ ᠳᠦ

ᠤᠷᠭᠤᠳᠠᠭ᠃ ᠵᠢᠭᠠᠰᠤ ᠲᠤ ᠪᠤᠷᠳᠤᠭ᠎ᠠ

ᠪᠣᠯᠭᠠᠵᠤ ᠲᠡᠵᠢᠭᠡᠳᠡᠭ᠃ ᠠᠯᠲᠠᠨᠡᠮᠡᠯ

ᠪᠠᠯᠭᠠᠰᠤ᠂ ᠬᠡᠷᠦᠯᠦᠨ ᠰᠤᠮᠤ᠂ ᠳᠤ

ᠲᠠᠷᠬᠠᠭᠰᠠᠨ᠃ ᠬᠡᠷᠦᠯᠦᠨ ᠰᠤᠮᠤ ᠶᠢᠨ

ᠮᠣᠷᠢᠰᠬᠡ ᠶᠢᠨ ᠡᠮᠦᠨ᠎ᠡ ᠵᠠᠮ ᠤᠨ

ᠬᠥᠪᠡᠭᠡᠨ ᠡᠴᠡ ᠪᠤᠯᠵᠢᠶᠠᠷᠠᠪᠠ᠃

2. 北美苋 *Amaranthus blitoidex* S. Watson

　　苋科，苋属，一年生草本。生长于田边、路旁、居民地附近、山谷。良等养猪饲料。分布于阿拉坦额莫勒镇、克尔伦苏木。拍摄于克尔伦苏木莫日斯格南路旁。

ᠴᠠᠭᠠᠨ ᠠᠷᠪᠠᠢ ᠲᠠᠷᠢᠶᠠᠨ

ᠳᠤ ᠤᠷᠭᠤᠳᠠᠭ᠃ ᠳᠠᠯᠠᠨ᠂ ᠵᠠᠮ ᠤᠨ

ᠬᠥᠪᠡᠭᠡ᠂ ᠰᠠᠭᠤᠷᠢᠨ ᠭᠠᠵᠠᠷ ᠤᠨ

ᠣᠢᠷᠠᠯᠴᠠᠭ᠎ᠠ ᠵᠡᠷᠭᠡ ᠳᠦ ᠤᠷᠭᠤᠳᠠᠭ᠃

ᠵᠥᠭᠡᠯᠡᠨ ᠵᠠᠯᠠᠭᠤ ᠦᠶ᠎ᠡ ᠳᠦ ᠨᠣᠭᠤᠭᠠᠨ

ᠪᠤᠷᠳᠤᠭ᠎ᠠ ᠪᠣᠯᠭᠠᠵᠤ ᠪᠣᠯᠤᠨ᠎ᠠ᠃

ᠠᠯᠲᠠᠨᠡᠮᠡᠯ ᠪᠠᠯᠭᠠᠰᠤ᠂ ᠬᠡᠷᠦᠯᠦᠨ

ᠰᠤᠮᠤ᠂ ᠪᠤᠶᠢᠷ ᠰᠤᠮᠤ ᠳᠤ

ᠲᠠᠷᠬᠠᠭᠰᠠᠨ᠃

3. 白苋 *Amaranthus albus* L.

　　苋科，苋属，一年生草本。生于田边、路旁、居民地附近的杂草地上。幼嫩时可作青贮饲料。分布于阿拉坦额莫勒镇、克尔伦苏木、贝尔苏木。拍摄于克尔伦苏木莫日斯格南路旁。

八、马齿苋科 Portulacaceae

马齿苋 *Portulaca oleracea* L.

别名：马齿草、马苋菜

马齿苋科，马齿苋属，一年生肉质草本。生于田间、路旁、菜园。药用植物。可食用。分布于全旗各地。拍摄于阿拉坦额莫勒镇西庙菜园。

九、石竹科 Caryophyllaceae

1. 毛叶蚤[zǎo]缀[zhuì] *Arenaria capillaris* Poir.

别名：兴安鹅不食、毛叶老牛筋、毛梗蚤缀

石竹科，蚤缀属，多年生草本。生于石质干山坡、山顶石缝间。药用植物。分布于呼伦镇、阿日哈沙特镇阿贵洞山上。拍摄于呼伦镇都乌拉。

ᠮᠣᠩᠭᠣᠯ ᠡᠮ ᠦᠨ ᠤᠷᠭᠤᠮᠠᠯ᠄

ᠭᠣᠶᠣᠮᠰᠣᠭ ᠲᠠᠭᠠᠯᠠᠭᠰᠠᠨ᠄ ᠣᠯᠠᠨ ᠨᠠᠰᠤᠲᠤ ᠡᠪᠡᠰᠦ ᠃ ᠨᠠᠷᠠ ᠡᠭᠡᠳᠡᠭ ᠴᠢᠯᠠᠭᠤᠯᠢᠭ ᠠᠭᠤᠯᠠ ᠶᠢᠨ ᠡᠩᠭᠡᠷ ᠪᠤᠶᠤ ᠠᠭᠤᠯᠠ ᠶᠢᠨ ᠣᠷᠤᠢ ᠶᠢᠨ ᠴᠢᠯᠠᠭᠤᠨ ᠵᠠᠪᠰᠠᠷ ᠲᠤ ᠤᠷᠭᠤᠨ᠎ᠠ ᠃

2. 美丽蚤缀　*Arenaria formosa* Fisch.ex Ser.

别名：腺毛蚤缀、腺毛鹅不食

石竹科，蚤缀属，多年生草本。生于向阳石质山坡或山顶石缝。药用植物。分布于呼伦镇。拍摄于呼伦镇都乌拉山顶。

ᠠᠴᠠᠷᠠᠭ ᠨᠠᠪᠲᠠᠭᠠᠷ (ᠰᠠᠯᠠᠭ᠎ᠠ)

ᠮᠣᠩᠭᠣᠯ ᠡᠮ ᠦᠨ ᠤᠷᠭᠤᠮᠠᠯ᠄ ᠰᠠᠯᠠᠭ᠎ᠠ ᠨᠠᠪᠲᠠᠭᠠᠷ᠄ ᠣᠯᠠᠨ ᠨᠠᠰᠤᠲᠤ ᠡᠪᠡᠰᠦ ᠃ ᠨᠠᠷᠠ ᠡᠭᠡᠳᠡᠭ ᠴᠢᠯᠠᠭᠤᠯᠢᠭ ᠠᠭᠤᠯᠠ ᠶᠢᠨ ᠡᠩᠭᠡᠷ ᠂ ᠠᠭᠤᠯᠠ ᠶᠢᠨ ᠣᠷᠤᠢ ᠶᠢᠨ ᠴᠢᠯᠠᠭᠤᠨ ᠵᠠᠪᠰᠠᠷ ᠂ ᠲᠣᠭᠲᠠᠮᠠᠯ ᠡᠯᠡᠰᠦ ᠳᠦ ᠤᠷᠭᠤᠨ᠎ᠠ ᠃

3. 叉歧繁缕　*Stellaria dichotoma* L.

别名：叉繁缕

石竹科，繁缕属，多年生草本。生于向阳石质山坡、山顶石缝间、固定沙丘。药用植物。分布于全旗各地。拍摄于达赉苏木乌布格德乌拉。

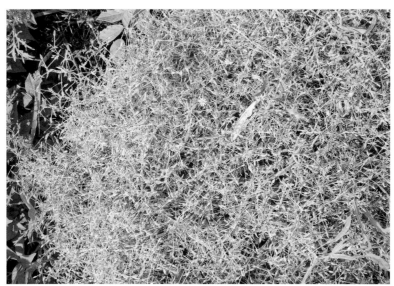

ᠴᠠᠭᠠᠨ ᠲᠠᠷᠨᠠ ᠡᠪᠡᠰᠤ

ᠨᠠᠯᠢ᠎ᠠ ᠶᠢᠨ ᠡᠪᠡᠰᠤ ᠲᠦᠷᠦᠯ ᠂ ᠣᠯᠠᠨ ᠵᠢᠯ ᠤᠨ ᠡᠪᠡᠰᠤᠯᠢᠭ ᠤᠷᠭᠤᠮᠠᠯ ᠃ ᠲᠣᠭᠲᠠᠭᠰᠠᠨ ᠪᠤᠶᠤ ᠬᠠᠭᠠᠰ ᠲᠣᠭᠲᠠᠭᠰᠠᠨ ᠡᠯᠡᠰᠤ ᠂ ᠨᠠᠷᠠᠨ ᠲᠠᠯ᠎ᠠ ᠶᠢᠨ ᠴᠢᠯᠠᠭᠤᠯᠢᠭ ᠠᠭᠤᠯᠠ ᠶᠢᠨ ᠪᠡᠯ ᠂ ᠠᠭᠤᠯᠠ ᠶᠢᠨ ᠣᠷᠤᠢ ᠶᠢᠨ ᠴᠢᠯᠠᠭᠤᠨ ᠵᠠᠪᠰᠠᠷ ᠲᠤ ᠤᠷᠭᠤᠨ᠎ᠠ ᠃

4. 银柴胡 *Stellaria lanceolata*（Bunge）Y. S. Lian

别名：披针叶叉繁缕、狭叶歧繁缕、条叶叉歧繁缕

石竹科，繁缕属，多年生草本。生于固定或半固定沙丘、向阳石质山坡、山顶石缝间、沙质草原。药用植物。分布于呼伦镇、宝格德乌拉苏木、克尔伦苏木。拍摄于克尔伦苏木乌兰敖包。

ᠵᠤᠵᠠᠭᠠᠨ ᠨᠠᠪᠴᠢᠲᠤ ᠨᠠᠯᠢ᠎ᠠ ᠶᠢᠨ ᠡᠪᠡᠰᠤ

ᠨᠠᠯᠢ᠎ᠠ ᠶᠢᠨ ᠡᠪᠡᠰᠤ ᠲᠦᠷᠦᠯ ᠂ ᠣᠯᠠᠨ ᠵᠢᠯ ᠤᠨ ᠡᠪᠡᠰᠤᠯᠢᠭ ᠤᠷᠭᠤᠮᠠᠯ ᠃ ᠭᠤᠤᠯ ᠤᠨ ᠬᠥᠪᠡᠭᠡ ᠶᠢᠨ ᠨᠠᠮᠠᠭ ᠤᠨ ᠨᠤᠭᠤ ᠲᠤ ᠤᠷᠭᠤᠨ᠎ᠠ ᠃

5. 叶苞繁缕 *Stellaria crassifolia* Ehrh.

别名：厚叶繁缕

石竹科，繁缕属，多年生草本。生于河岸沼泽草甸。分布于乌尔逊河、克尔伦河。拍摄于乌尔逊河边。

ᠪᠣᠷᠣ ᠴᠡᠴᠡᠭ (ᠠᠷᠠᠳ ᠤᠨ ᠨᠡᠷ᠎ᠡ)

6. 兴安繁缕 *Stellaria cherleriae*（Fisch. ex Ser.）F. N. Williams

别名：东北繁缕

石竹科，繁缕属，多年生草本。生于向阳石质山坡、山顶石缝间。分布于呼伦镇、阿日哈沙特镇。拍摄于呼伦镇都乌拉。

ᠪᠣᠷᠣ ᠤᠷᠭᠤᠮᠠᠯ

7. 女娄菜 *Melandrium apricum* (Turcz. ex Fisch. et Mey.) Rohrb.

别名：桃色女娄菜

石竹科，女娄菜属，一年生或二年生草本。生于石砾质坡地、固定沙地、疏林及草原中。药用植物。分布于全旗各地。拍摄于贝尔苏木莫农塔拉。

ᠨᠣᡥᠠᠢ ᠢᠢᠨ ᠰᡠᡳᠯᠪᠣᠰᠣ
（ᠰᠢᠮᠧᠨᠧ ᠸᡠᠯᠭᠠᠷᠢᠰ）

8. 狗筋麦瓶草 *Silene vulgaris* (Moench) Garcke

石竹科，麦瓶草属，多年生草本。生于沟谷草甸。药用植物。分布于阿拉坦额莫勒镇、达赉苏木。拍摄于阿拉坦额莫勒镇北。

9. 毛萼麦瓶草 *Silene repens* Patr.

别名：蔓麦瓶草、匍生蝇子草、细叶麦瓶草、宽叶麦瓶草

石竹科，麦瓶草属，多年生草本。生于山坡草地、固定沙丘、山沟溪边、林下、林缘草甸、沟谷草甸、河滩草甸、泉水边及撂荒地。分布于全旗各地。拍摄于查干矿西边。

ᠤᠷᠭᠤᠮᠠᠯ ᠤᠨ ᠨᠡᠷ᠎ᠡ (ᠲᠠᠷᠢᠮᠠᠯ ᠤᠨ ᠲᠥᠷᠥᠯ)

10. 旱麦瓶草 *Silene jenisseensis* Willd.

别名：麦瓶草、山蚂蚱、薄毛旱麦瓶草、小花旱麦瓶草、细叶旱麦瓶草

石竹科，麦瓶草属，多年生草本。生于砾石质山地、草原及固定沙地。药用植物。分布于全旗各地。拍摄于达赉苏木塔班花。

11. 草原丝石竹 *Gypsophila davurica* Turcz. ex Fenzl

别名：草原石头花、北丝石竹、狭叶草原丝石竹

石竹科，丝石竹属，多年生草本。生于典型草原、山地草原。观赏植物。药用植物。分布于呼伦镇、阿日哈沙特镇、达赉苏木。拍摄于达赉苏木伊和双乌拉。

12. 簇茎石竹 *Dianthus repens* Willd.

石竹科，石竹属，多年生草本。生于山地草甸。分布于呼伦镇。拍摄于呼伦镇都乌拉。

13. 石竹 *Dianthus chinensis* L.

别名：洛阳花

石竹科，石竹属，多年生草本。生于山地草甸及草甸草原。药用植物。观赏植物。分布于呼伦镇。拍摄于呼伦镇都乌拉。

ᠬᠤᠷᠮᠤᠰᠲᠠ ᠴᠡᠴᠡᠭ (ᠰᠢᠷᠠᠯᠵᠢ ᠴᠡᠴᠡᠭ)

ᠬᠤᠷᠮᠤᠰᠲᠠ ᠴᠡᠴᠡᠭ᠃ ᠣᠯᠠᠨ ᠨᠠᠰᠤᠲᠤ ᠡᠪᠡᠰᠦᠯᠢᠭ ᠤᠷᠭᠤᠮᠠᠯ᠃ ᠠᠭᠤᠯᠠᠲᠤ ᠲᠠᠯ᠎ᠠ᠂ ᠡᠩ ᠤᠨ ᠲᠠᠯ᠎ᠠ ᠳᠤ ᠤᠷᠭᠤᠨ᠎ᠠ᠃ ᠡᠮ ᠤᠨ ᠤᠷᠭᠤᠮᠠᠯ᠃ ᠦᠵᠡᠮᠵᠢ ᠶᠢᠨ ᠤᠷᠭᠤᠮᠠᠯ᠃ ᠬᠦᠯᠦᠨ ᠪᠠᠯᠭᠠᠰᠤ᠂ ᠠᠷᠢ ᠬᠠᠱᠠᠲᠤ ᠪᠠᠯᠭᠠᠰᠤ᠂ ᠳᠠᠪᠤ ᠶᠢᠨ ᠰᠤᠮᠤ᠂ ᠬᠡᠷᠦᠯᠦᠨ ᠰᠤᠮᠤ ᠳᠤ ᠲᠠᠷᠬᠠᠨ᠎ᠠ᠃

14. 兴安石竹 *Dianthus chinensis* L. var *Versicolor*（Fisch. ex Link）Y. C. Ma

别名：丝叶石竹、蒙古石竹

石竹科，石竹属，多年生草本。生于山地草原、典型草原。药用植物。观赏植物。分布于呼伦镇、阿日哈沙特镇、达赉苏木、克尔伦苏木。拍摄于呼伦镇都乌拉。

ᠵᠢᠭᠠᠰᠤᠨ ᠡᠪᠡᠰᠦ (ᠨᠠᠷᠠᠰᠤ ᠡᠪᠡᠰᠦ)

ᠵᠢᠭᠠᠰᠤᠨ ᠡᠪᠡᠰᠦ᠃ ᠣᠯᠠᠨ ᠨᠠᠰᠤᠲᠤ ᠤᠰᠤᠨ ᠳᠤ ᠰᠢᠭᠦᠵᠦ ᠤᠷᠭᠤᠳᠠᠭ ᠡᠪᠡᠰᠦᠯᠢᠭ ᠤᠷᠭᠤᠮᠠᠯ᠃ ᠨᠠᠭᠤᠷ ᠴᠥᠭᠦᠷᠦᠮ᠂ ᠭᠣᠣᠯ ᠮᠥᠷᠡᠨ ᠳᠤ ᠤᠷᠭᠤᠨ᠎ᠠ᠃ ᠡᠮ ᠤᠨ ᠤᠷᠭᠤᠮᠠᠯ᠃ ᠤᠯᠠᠭᠠᠨ ᠭᠣᠣᠯ ᠤᠨ ᠭᠦᠶᠬᠡᠨ ᠤᠰᠤᠨ ᠳᠤ ᠲᠠᠷᠬᠠᠨ᠎ᠠ᠃

十、金鱼藻科 Ceratophyllaceae

金鱼藻 *Ceratophyllum demersum* L.

别名：松藻、五针金鱼藻、五刺金鱼藻

金鱼藻科、金鱼藻属，多年生沉水草本。生于湖泊、池塘、河流中。药用植物。分布于乌尔逊河浅水中。拍摄于乌尔逊河。

ᠮᠠᠩᠭᠢᠷ ᠤ᠋ᠨ ᠡᠪᠡᠰᠦ

ᠬᠦᠨᠦᠭᠡᠯᠲᠦ ᠪᠣᠳᠠᠰᠤᠳ ᠤ᠋ᠨ ᠲᠤᠰᠠᠯᠠᠮᠵᠢ᠂ ᠪᠠᠶᠢᠳᠠᠭ ᠃ ᠡᠮ ᠦᠨ ᠤᠷᠭᠤᠮᠠᠯ ᠃ ᠠᠷ ᠢᠢᠨ ᠬᠣᠰᠢᠭᠤᠨ ᠤ᠋ ᠠᠷᠤ ᠳ᠋ᠤ᠌ ᠤᠷᠭᠤᠳᠠᠭ ᠃ ᠨᠠᠷᠠᠨ ᠤ᠋ ᠡᠩᠭᠡᠷ ᠲᠦ ᠤᠷᠭᠤᠳᠠᠭ ᠃

十一、毛茛科 Ranunculaceae

1. 耧斗菜 *Aquilegia viridiflora* Pall.

别名：血见愁

毛茛科，耧斗菜属，多年生草本。生于石质山坡的灌丛间与基岩露头上及沟谷中。药用植物。分布于阿日哈沙特镇阿贵洞山上。拍摄于阿贵洞山上。

ᠮᠦᠭᠡᠷᠰᠦ

ᠪᠤᠰᠤᠳ ᠡᠪᠡᠳᠴᠢᠨ ᠦ᠌ ᠡᠰᠡᠷᠭᠦ ᠬᠡᠷᠡᠭᠯᠡᠨ᠎ᠡ ᠃ ᠡᠮ ᠦᠨ ᠤᠷᠭᠤᠮᠠᠯ ᠃ ᠠᠯᠲᠠᠨ ᠡᠮᠦᠯ ᠦᠨ ᠪᠠᠯᠭᠠᠰᠤᠨ ᠳ᠋ᠤ᠌ ᠤᠷᠭᠤᠳᠠᠭ ᠃ ᠨᠠᠷᠠᠨ ᠤ᠋ ᠡᠩᠭᠡᠷ ᠲᠦ ᠤᠷᠭᠤᠳᠠᠭ ᠃

2. 蓝堇草 *Leptopyrum fumarioides* (L.) Reichb.

毛茛科，蓝堇草属，一年生小草本。生于田野、路边、向阳山坡。药用植物。分布于阿拉坦额莫勒镇。拍摄于阿拉坦额莫勒镇北路旁。

3. 展枝唐松草 *Thalictrum squarrosum* Steph. ex Willd.

别名：叉枝唐松草、歧序唐松草、坚唐松草

毛茛科，唐松草属，多年生草本。生于典型草原、沙质草原群落中。药用植物。秋季山羊、绵羊稍采食。分布于全旗各地。拍摄于宝格德乌拉沙地。

4. 香唐松草 *Thalictrum foetidum* L.

别名：腺毛唐松草

毛茛科，唐松草属，多年生草本。生于山地草原及灌丛中。药用植物。分布于呼伦镇、阿日哈沙特镇、达赉苏木。拍摄于阿贵洞山上。

ᠲᠠᠭᠴᠢ ᠡᠪᠡᠰᠦ ᠬᠡᠮᠡᠨ᠎ᠡ

ᠤ ᠡᠮ ᠦᠨ ᠡᠪᠡᠰᠦ᠃ ᠠᠷᠢ ᠬᠠᠱᠠᠲᠤ ᠪᠠᠯᠭᠠᠰᠤᠨ ᠳᠤ ᠤᠷᠭᠤᠨ᠎ᠠ᠃ ᠠᠷᠢ ᠬᠠᠱᠠᠲᠤ ᠪᠠᠯᠭᠠᠰᠤᠨ ᠤ ᠠᠵᠢ ᠲᠦ ᠴᠡᠴᠡᠭ ᠲᠦ ᠵᠢᠷᠤᠭ ᠠᠪᠤᠪᠠ᠃

ᠬᠣᠯᠲᠣᠰᠤᠲᠠᠨ ᠤ ᠢᠵᠠᠭᠤᠷ᠂ ᠲᠠᠭᠴᠢ ᠡᠪᠡᠰᠦᠨ ᠦ ᠲᠦᠷᠦᠯ᠂ ᠣᠯᠠᠨ ᠨᠠᠰᠤᠲᠤ ᠡᠪᠡᠰᠦᠯᠢᠭ ᠤᠷᠭᠤᠮᠠᠯ᠃ ᠭᠣᠣᠯ ᠤᠨ ᠱᠠᠷᠢᠯᠠᠩ᠂ ᠠᠭᠤᠯᠠᠨ ᠤ ᠪᠤᠲᠠᠯᠢᠭ᠂ ᠣᠢ ᠶᠢᠨ ᠬᠦᠪᠡᠭᠡᠨ ᠦ ᠱᠠᠷᠢᠯᠠᠩ ᠳᠤ ᠤᠷᠭᠤᠨ᠎ᠠ᠃

5. 箭头唐松草 *Thalictrum simplex* L.

别名：水黄莲、黄唐松草

毛茛科，唐松草属，多年生草本。生于河滩草甸、山地灌丛、林缘草甸。药用植物。分布于阿日哈沙特镇。拍摄于阿日哈沙特镇阿给图花。

ᠰᠢᠷ᠎ᠠ ᠲᠠᠭᠴᠢ ᠡᠪᠡᠰᠦ ᠬᠡᠮᠡᠨ᠎ᠡ

ᠬᠣᠯᠲᠣᠰᠤᠲᠠᠨ ᠤ ᠢᠵᠠᠭᠤᠷ᠂ ᠲᠠᠭᠴᠢ ᠡᠪᠡᠰᠦᠨ ᠦ ᠲᠦᠷᠦᠯ᠂ ᠣᠯᠠᠨ ᠨᠠᠰᠤᠲᠤ ᠡᠪᠡᠰᠦᠯᠢᠭ ᠤᠷᠭᠤᠮᠠᠯ᠃ ᠭᠣᠣᠯ ᠤᠨ ᠬᠦᠪᠡᠭᠡᠨ ᠦ ᠱᠠᠷᠢᠯᠠᠩ᠂ ᠠᠭᠤᠯᠠᠨ ᠤ ᠱᠠᠷᠢᠯᠠᠩ ᠳᠤ ᠤᠷᠭᠤᠨ᠎ᠠ᠃ ᠠᠷᠢ ᠬᠠᠱᠠᠲᠤ ᠪᠠᠯᠭᠠᠰᠤᠨ ᠳᠤ ᠤᠷᠭᠤᠨ᠎ᠠ᠃

6. 锐裂箭头唐松草 *Thalictrum simplex* L. var. *affine* (Ledeb.) Regel

毛茛科，唐松草属，多年生草本。生于河岸草甸、山地草甸。分布于阿日哈沙特镇。拍摄于阿贵洞。

ᠲᠡᠮᠡᠭᠡ ᠄

ᠡᠪᠡᠰᠦ ᠨᠢ ᠣᠯᠠᠨ ᠨᠠᠰᠤᠲᠤ ᠡᠪᠡᠰᠦᠯᠢᠭ᠌ ᠤᠷᠭᠤᠮᠠᠯ᠃ ᠠᠭᠤᠯᠠ ᠶᠢᠨ ᠣᠢ ᠶᠢᠨ ᠳᠣᠣᠷᠠᠬᠢ ᠂ ᠣᠢ ᠶᠢᠨ ᠬᠥᠪᠡᠭᠡ ᠂ ᠪᠤᠲᠠᠯᠢᠭ ᠪᠠ ᠨᠤᠭᠤ ᠭᠠᠵᠠᠷ ᠲᠤ ᠤᠷᠭᠤᠨ᠎ᠠ ᠃ ᠡᠮ ᠦᠨ ᠤᠷᠭᠤᠮᠠᠯ ᠂ ᠦᠵᠡᠮᠵᠢ ᠶᠢᠨ ᠤᠷᠭᠤᠮᠠᠯ ᠃

7. 欧亚唐松草 *Thalictrum minus* L.

别名：小唐松草

毛茛科，唐松草属，多年生草本。生于山地林下、林缘、灌丛及草甸中。药用植物。观赏植物。分布于呼伦镇、达赍苏木、克尔伦苏木。拍摄于达赍苏木巴嘎双乌拉。

ᠵᠡᠭᠦᠨ ᠠᠽᠢᠶ᠎ᠠ ᠶᠢᠨ ᠲᠡᠮᠡᠭᠡ ᠡᠪᠡᠰᠦ ᠄

ᠡᠪᠡᠰᠦ ᠨᠢ ᠣᠯᠠᠨ ᠨᠠᠰᠤᠲᠤ ᠡᠪᠡᠰᠦᠯᠢᠭ᠌ ᠤᠷᠭᠤᠮᠠᠯ ᠃ ᠠᠭᠤᠯᠠ ᠶᠢᠨ ᠣᠢ ᠶᠢᠨ ᠳᠣᠣᠷᠠᠬᠢ ᠂ ᠣᠢ ᠶᠢᠨ ᠬᠥᠪᠡᠭᠡ ᠂ ᠪᠤᠲᠠᠯᠢᠭ ᠂ ᠵᠢᠯᠠᠭ᠎ᠠ ᠶᠢᠨ ᠨᠤᠭᠤ ᠭᠠᠵᠠᠷ ᠲᠤ ᠤᠷᠭᠤᠨ᠎ᠠ ᠃ ᠡᠮ ᠦᠨ ᠤᠷᠭᠤᠮᠠᠯ ᠃

8. 东亚唐松草 *Thalictrum minus* L. var. *hypoleucum*（Sieb. et Zucc.）Miq.

别名：腾唐松草、小金花

毛茛科，唐松草属，多年生草本。生于山地林下、林缘、灌丛、沟谷草甸。药用植物。分布于呼伦镇、达赍苏木、克尔伦苏木。拍摄于达赍苏木巴嘎双乌拉。

ᠡᠸᠡᠷ ᠴᠡᠴᠡᠭ

ᠪᠤᠷᠭᠠᠰᠤᠨ ᠤ ᠢᠵᠠᠭᠤᠷ ᠤᠨ ᠤᠷᠭᠤᠮᠠᠯ ᠃ ᠬᠦᠨᠳᠡᠯᠡᠨ᠄ ᠬᠡᠪᠴᠢᠶᠡᠨ ᠤ ᠲᠠᠯ᠎ᠠ ᠪᠠ ᠨᠤᠭᠤᠭᠠᠨ ᠲᠠᠯ᠎ᠠ ᠶᠢᠨ ᠪᠦᠯᠦᠭ ᠲᠤ ᠤᠷᠭᠤᠨ᠎ᠠ ᠃ ᠡᠮ ᠤᠨ ᠤᠷᠭᠤᠮᠠᠯ ᠃ ᠬᠠᠪᠤᠷ ᠤᠨ ᠡᠬᠢ ᠪᠡᠷ ᠢᠮᠠᠭ᠎ᠠ ᠬᠤᠨᠢᠨ ᠳᠤ ᠠᠮᠲᠠᠲᠠᠢ ᠢᠳᠡᠰᠢ ᠃ ᠪᠦᠬᠦ ᠬᠤᠰᠢᠭᠤᠨ ᠤ ᠭᠠᠵᠠᠷ ᠲᠤ ᠲᠠᠷᠬᠠᠨ᠎ᠠ ᠃

9. 细叶白头翁 *Pulsatilla turezaninovii* Kryl. et Serg.

别名：毛姑朵花

毛莨科，白头翁属，多年生草本。生于典型草原与草甸草原群落中。药用植物。早春为山羊、绵羊乐食。分布于全旗各地。拍摄于达赉苏木乌布格德乌拉北。

ᠮᠣᠩᠭᠣᠯ ᠡᠸᠡᠷ ᠴᠡᠴᠡᠭ （ᠬᠣᠢᠲᠤ ᠡᠸᠡᠷ ᠴᠡᠴᠡᠭ）

ᠪᠤᠷᠭᠠᠰᠤᠨ ᠤ ᠢᠵᠠᠭᠤᠷ ᠤᠨ ᠤᠷᠭᠤᠮᠠᠯ ᠃ ᠬᠦᠨᠳᠡᠯᠡᠨ᠄ ᠠᠭᠤᠯᠠᠷᠬᠠᠭ ᠲᠠᠯ᠎ᠠ ᠶᠢᠨ ᠪᠤᠷᠭᠠᠰᠤᠲᠤ ᠳᠤ ᠤᠷᠭᠤᠨ᠎ᠠ ᠃ ᠡᠮ ᠤᠨ ᠤᠷᠭᠤᠮᠠᠯ ᠃ ᠬᠦᠯᠦᠨ ᠪᠠᠯᠭᠠᠰᠤ ᠂ ᠠᠯᠲᠠᠨ ᠡᠮᠡᠯ ᠪᠠᠯᠭᠠᠰᠤᠨ ᠳᠤ ᠲᠠᠷᠬᠠᠨ᠎ᠠ ᠃

10. 蒙古白头翁 *Pulsatilla ambigua*（Turcz. ex Hayek.）Juz.

别名：北白头翁

毛莨科，白头翁属，多年生草本。生于山地草原灌丛。药用植物。分布于呼伦镇、阿拉坦额莫勒镇。拍摄于阿拉坦额莫勒镇额尔敦乌拉东山上。

ᠰᠢᠷ᠎ᠠ ᠸᠠᠩᠴᠢ

ᠨᠠᠮᠠᠭᠠᠯᠢᠭ ᠡᠪᠡᠰᠦ᠃ ᠴᠢᠯᠠᠭᠤᠯᠢᠭ ᠠᠭᠤᠯᠠ ᠪᠣᠯᠤᠨ ᠳᠣᠪᠤ ᠭᠦᠪᠡᠭᠡ ᠵᠢᠨ ᠬᠠᠵᠠᠭᠤ ᠪᠣᠯᠤᠨ ᠵᠢᠯᠠᠭ᠎ᠠ ᠳᠤ ᠤᠷᠭᠤᠨ᠎ᠠ᠃ ᠡᠮ ᠦᠨ ᠤᠷᠭᠤᠮᠠᠯ᠃ ᠬᠦᠯᠦᠨ ᠪᠠᠯᠭᠠᠰᠤ ᠳᠤ ᠲᠠᠷᠬᠠᠨ᠎ᠠ᠃ ᠬᠦᠯᠦᠨ ᠪᠠᠯᠭᠠᠰᠤᠨ ᠤ ᠳᠦ ᠤᠯᠠᠭᠠᠨ ᠳᠤ ᠠᠪᠤᠪᠠ᠃

11. 黄花白头翁 *Pulsatilla sukaczewii* Juz.

　　毛茛科，白头翁属，多年生草本。生于石质山地及丘陵坡地和沟谷中。药用植物。分布于呼伦镇。拍摄于呼伦镇都乌拉。

ᠵᠢᠵᠢᠭ ᠤᠰᠤᠨ ᠬᠣᠯᠣᠭᠠᠨ᠎ᠠ （ᠬᠤᠯᠤᠭᠠᠨ᠎ᠠ）

ᠨᠠᠮᠠᠭᠠᠯᠢᠭ ᠡᠪᠡᠰᠦ᠃ ᠬᠥᠬᠦᠷ ᠤᠰᠤᠨ ᠤ ᠬᠦᠪᠡᠭᠡ ᠳᠤ ᠤᠷᠭᠤᠨ᠎ᠠ᠃ ᠡᠮ ᠦᠨ ᠤᠷᠭᠤᠮᠠᠯ᠃ ᠤᠯᠠᠭᠠᠨ ᠴᠥᠭᠦᠷᠦᠮ ᠪᠣᠯᠤᠨ ᠬᠡᠷᠯᠡᠨ ᠭᠣᠣᠯ ᠤᠨ ᠬᠥᠪᠡᠭᠡ ᠳᠤ ᠲᠠᠷᠬᠠᠨ᠎ᠠ᠃ ᠬᠡᠷᠯᠡᠨ ᠭᠣᠣᠯ ᠳᠤ ᠠᠪᠤᠪᠠ᠃

12. 小水毛茛 *Batrachium eradicatum*（Laest.）Fries

　　毛茛科，小水毛茛属，多年生草本。生于池水边。药用植物。分布于乌兰泡、克尔伦河边。拍摄于克尔伦河。

ᠦᠨᠳᠦᠷ ᠡᠪᠡᠰᠦ

13. 长叶碱毛茛 *Halerpestes ruthenica*
(Jacq.) Ovcz.

别名：金戴戴、黄戴戴

毛茛科，碱毛茛属，多年生草本。
生于低湿地草甸及轻度盐化草甸。药用
植物。分布于阿日哈沙特镇阿贵洞、
阿拉坦额莫勒镇、克尔伦苏木、达赉
苏木。拍摄于阿贵洞。

ᠴᠠᠭᠠᠨ ᠤᠨ ᠳᠠᠯ ᠡᠪᠡᠰᠦ

14. 碱毛茛 *Halerpestes sarmentosa*
(Adams) Kom. et Aliss.

别名：圆叶碱毛茛、水葫芦苗

毛茛科，碱毛茛属，多年生草
本。生于低湿地草甸及轻度盐化草
甸。药用植物。分布于呼伦湖畔、阿
日哈沙特镇阿贵洞。拍摄于阿贵洞。

ᠶᠠᠷᠠᠲᠠᠢ ᠡᠪᠡᠰᠦ （ ᠬᠦᠬᠦᠷᠡᠭᠡ ᠤᠷᠭᠤᠮᠠᠯ ）

ᠴᠡᠴᠡᠭᠲᠦ ᠶᠢᠨ ᠢᠵᠠᠭᠤᠷ ᠤᠨ ᠡᠪᠡᠰᠦ᠃ ᠨᠢᠭᠡ ᠨᠠᠰᠤᠲᠤ ᠪᠤᠶᠤ ᠬᠤᠶᠠᠷ ᠨᠠᠰᠤᠲᠤ ᠡᠪᠡᠰᠦᠯᠢᠭ᠌ ᠤᠷᠭᠤᠮᠠᠯ᠃ ᠨᠠᠮᠤᠭᠲᠤ ᠨᠤᠭᠤᠭᠠᠲᠤ ᠭᠠᠵᠠᠷ ᠪᠠ ᠨᠤᠭᠤᠭᠠᠲᠤ ᠭᠠᠵᠠᠷ ᠤᠷᠭᠤᠨ᠎ᠠ᠃ ᠡᠮ ᠤᠨ ᠤᠷᠭᠤᠮᠠᠯ᠃ ᠤᠯᠠᠭᠠᠨ ᠪᠤᠯᠠᠭ ᠤᠨ ᠲᠤᠭᠤᠷᠢᠨ᠂ ᠠᠷᠢᠬᠠᠰᠢᠲᠤ ᠪᠠᠯᠭᠠᠰᠤᠨ ᠤ ᠠᠭᠤᠢ᠂ ᠬᠡᠷᠦᠯᠦᠨ ᠭᠤᠤᠯ ᠤᠨ ᠬᠦᠪᠡᠭᠡ ᠪᠡᠷ ᠲᠠᠷᠬᠠᠨ᠎ᠠ᠃

15. 石龙芮 *Ranunculus sceleratus* L.

毛茛科，毛茛属，一年生或二年生草本。生于沼泽草甸及草甸。药用植物。分布于乌兰泡周围、阿日哈沙特镇阿贵洞、克尔伦河边。拍摄于克尔伦河边。

ᠬᠦᠬᠦᠷᠡᠭᠡ ᠤᠷᠭᠤᠮᠠᠯ

ᠴᠡᠴᠡᠭᠲᠦ ᠶᠢᠨ ᠢᠵᠠᠭᠤᠷ ᠤᠨ ᠡᠪᠡᠰᠦ᠃ ᠤᠯᠠᠨ ᠨᠠᠰᠤᠲᠤ ᠡᠪᠡᠰᠦᠯᠢᠭ᠌ ᠤᠷᠭᠤᠮᠠᠯ᠃ ᠠᠭᠤᠯᠠᠷᠬᠠᠭ ᠤᠢ ᠶᠢᠨ ᠬᠦᠪᠡᠭᠡ ᠶᠢᠨ ᠨᠤᠭᠤᠭᠠᠲᠤ ᠭᠠᠵᠠᠷ᠂ ᠵᠢᠯᠠᠭ᠎ᠠ ᠶᠢᠨ ᠨᠤᠭᠤᠭᠠᠲᠤ ᠭᠠᠵᠠᠷ᠂ ᠨᠠᠮᠤᠭᠲᠤ ᠨᠤᠭᠤᠭᠠᠲᠤ ᠭᠠᠵᠠᠷ ᠤᠷᠭᠤᠨ᠎ᠠ᠃ ᠡᠮ ᠤᠨ ᠤᠷᠭᠤᠮᠠᠯ᠃ ᠬᠤᠤᠷᠲᠠᠢ᠃ ᠤᠷᠰᠢᠭᠤᠨ ᠭᠤᠤᠯ ᠤᠨ ᠬᠦᠪᠡᠭᠡ ᠪᠡᠷ ᠲᠠᠷᠬᠠᠨ᠎ᠠ᠃

16. 毛茛 *Ranunculus japonicus* Thunb.

毛茛科，毛茛属，多年生草本。生于山地林缘草甸、沟谷草甸、沼泽草甸中。药用植物。有毒。分布于乌尔逊河岸。拍摄于乌尔逊河边。

ᠬᠣᠯᠪᠣᠭᠠᠯᠠᠨ ᠲᠠᠷᠬᠠᠭᠠᠰᠠᠨ᠃

ᠡᠨᠡ ᠪᠣᠯ ᠣᠯᠠᠩ ᠵᠢᠯ ᠤᠨ ᠡᠪᠡᠰᠦᠯᠢᠭ ᠤᠷᠭᠤᠮᠠᠯ᠃ ᠭᠤᠣᠯ ᠤᠨ ᠬᠥᠪᠡᠭᠡ ᠶᠢᠨ ᠨᠠᠮᠤᠭ ᠨᠤᠭᠤ᠂ ᠨᠠᠮᠤᠭ ᠨᠤᠭᠤ ᠳᠤ ᠤᠷᠭᠤᠨ᠎ᠠ᠃ ᠡᠮ ᠤᠨ ᠤᠷᠭᠤᠮᠠᠯ᠃ ᠤᠷᠠᠰᠤᠨ ᠭᠤᠣᠯ ᠤᠨ ᠬᠥᠪᠡᠭᠡ᠂ ᠬᠡᠷᠦᠯᠦᠨ ᠭᠤᠣᠯ ᠤᠨ ᠬᠥᠪᠡᠭᠡ ᠪᠡᠷ ᠲᠠᠷᠬᠠᠭᠰᠠᠨ᠃

17. 回回蒜 *Ranunculus chinensis* Bunge

别名：回回蒜毛茛、野桑椹

毛茛科，毛茛属，多年生草本。生于河滩草甸、沼泽草甸。药用植物。分布于乌尔逊河边、克尔伦河边。拍摄于克尔伦河边。

ᠨᠠᠪᠴᠢᠶᠠᠰᠤᠨ ᠲᠡᠮᠦᠷᠯᠢᠭ ᠴᠡᠴᠡᠭ (ᠪᠠᠭᠤᠯᠵᠠ)

ᠡᠨᠡ ᠪᠣᠯ ᠣᠯᠠᠩ ᠵᠢᠯ ᠤᠨ ᠡᠪᠡᠰᠦᠯᠢᠭ ᠤᠷᠭᠤᠮᠠᠯ᠃ ᠬᠡᠭᠡᠷ᠎ᠡ ᠲᠠᠯ᠎ᠠ ᠪᠠ ᠪᠤᠲᠠᠯᠢᠭ ᠪᠦᠯᠦᠭᠯᠡᠯ ᠳᠤ ᠤᠷᠭᠤᠬᠤ ᠪᠥᠭᠡᠳ᠂ ᠲᠣᠭᠲᠠᠭᠤᠨ ᠡᠯᠡᠰᠦᠨ ᠲᠣᠪᠤ ᠪᠤᠶᠤ ᠠᠭᠤᠯᠠ ᠶᠢᠨ ᠬᠣᠷᠮᠣᠢ ᠶᠢᠨ ᠣᠢ ᠶᠢᠨ ᠬᠥᠪᠡᠭᠡ ᠪᠡᠷ ᠴᠤ ᠦᠵᠡᠭᠳᠡᠨ᠎ᠡ᠃ ᠡᠮ ᠤᠨ ᠤᠷᠭᠤᠮᠠᠯ᠃ ᠨᠣᠭᠤᠭᠠᠨ ᠰᠢᠨᠡᠬᠡᠨ ᠪᠠᠶᠢᠬᠤ ᠦᠶ᠎ᠡ ᠳᠤ ᠦᠬᠡᠷ ᠪᠠ ᠲᠡᠮᠡᠭᠡ ᠳᠤᠷᠠᠲᠠᠶᠠ ᠢᠳᠡᠨ᠎ᠡ᠃ ᠮᠣᠷᠢ ᠪᠠ ᠬᠣᠨᠢ ᠶᠡᠷᠦᠳᠡ ᠢᠳᠡᠳᠡᠭ ᠦᠭᠡᠢ᠃ ᠬᠥᠯᠥᠨ ᠪᠠᠯᠭᠠᠰᠤ᠂ ᠠᠷᠢᠬᠠᠱᠠᠲᠤ ᠪᠠᠯᠭᠠᠰᠤ᠂ ᠳᠠᠱᠢ ᠰᠤᠮᠤ ᠪᠠᠷ ᠲᠠᠷᠬᠠᠭᠰᠠᠨ᠃

18. 棉团铁线莲 *Clematis hexapetala* Pall.

别名：山蓼、山棉花

毛茛科，铁线莲属，多年生草本。生于草原及灌丛群落中，亦见于固定沙丘或山坡林缘。药用植物。在青鲜状态时牛与骆驼乐食，马与羊通常不采食。分布于呼伦镇、阿日哈沙特镇、达赉苏木。拍摄于达赉苏木伊和双乌拉。

ᠳᠡᠯᠭᠡᠷ ᠴᠡᠴᠡᠭ᠌

ᠡᠨᠡ ᠵᠦᠢᠯ ᠤᠨ᠄ ᠬᠣᠯᠢᠷᠬᠠᠭ ᠴᠡᠴᠡᠭ᠌ ᠂ ᠨᠠᠷᠠᠲᠤ ᠴᠡᠴᠡᠭ᠌ ᠂ ᠲᠡᠪᠡᠷᠡᠬᠦ ᠴᠡᠴᠡᠭ᠌ ᠂ ᠳᠡᠯᠭᠡᠷ ᠬᠡᠮᠡᠨ ᠨᠡᠷᠡᠯᠡᠳᠡᠭ᠃

ᠬᠣᠯᠢᠷᠬᠠᠭ ᠴᠡᠴᠡᠭ᠌ ᠤᠨ ᠲᠦᠷᠦᠯ ᠤᠨ ᠣᠯᠠᠨ ᠨᠠᠰᠤᠲᠤ ᠡᠪᠡᠰᠦᠯᠢᠭ᠌ ᠤᠷᠭᠤᠮᠠᠯ᠃ ᠨᠤᠭᠤ ᠲᠠᠯ᠎ᠠ ᠂ ᠡᠯᠡᠰᠦᠷᠬᠡᠭ᠌ ᠲᠠᠯ᠎ᠠ ᠂ ᠪᠤᠲᠠᠷᠬᠠᠭ ᠳᠤᠮᠳᠠ ᠂ ᠠᠭᠤᠯᠠ ᠨᠤᠭᠤ ᠪᠠ ᠭᠣᠣᠯ ᠤᠨ ᠬᠥᠨᠳᠡᠢ ᠶᠢᠨ ᠨᠤᠭᠤ ᠲᠠᠯ᠎ᠠ ᠳᠤ ᠤᠷᠭᠤᠨ᠎ᠠ᠃

19. 翠雀花 *Delphinium grandiflorum* L.

别名：大花飞燕草、鸽子花、摇咀咀花、翠雀

毛茛科，翠雀花属，多年生草本。生于草甸草原、沙质草原、灌丛中、山地草甸及河谷草甸中。药用植物。观赏植物。分布于呼伦镇。拍摄于呼伦镇都乌拉。

ᠴᠠᠭᠠᠨ ᠳᠠᠲᠤᠷᠠᠭ᠎ᠠ (ᠣᠯᠠᠨ ᠨᠠᠰᠤᠲᠤ)

ᠡᠨᠡ ᠵᠦᠢᠯ ᠤᠨ᠄ ᠵᠡᠷᠯᠢᠭ᠌ ᠲᠠᠮᠠᠬᠢ ᠂ ᠠᠭᠤᠯᠠ ᠶᠢᠨ ᠲᠠᠮᠠᠬᠢ ᠂ ᠬᠠᠳᠠᠨ ᠳᠠᠲᠤᠷᠠᠭ᠎ᠠ ᠂ ᠦᠰᠦᠲᠦ ᠵᠢᠮᠢᠰᠲᠦ ᠬᠠᠷ᠎ᠠ ᠤᠰᠤᠨ ᠳᠠᠲᠤᠷᠠᠭ᠎ᠠ ᠬᠡᠮᠡᠨ ᠨᠡᠷᠡᠯᠡᠳᠡᠭ᠃

ᠳᠠᠲᠤᠷᠠᠭ᠎ᠠ ᠶᠢᠨ ᠲᠦᠷᠦᠯ ᠤᠨ ᠣᠯᠠᠨ ᠨᠠᠰᠤᠲᠤ ᠡᠪᠡᠰᠦᠯᠢᠭ᠌ ᠤᠷᠭᠤᠮᠠᠯ᠃

十二、罂粟科 Papaveraceae

1. 野罂粟 *Papaver nudicaule* L.

别名：野大烟、山大烟 、岩罂粟、毛果黑水罂粟

罂粟科，罂粟属，多年生草本。生于山地林缘、草甸、草原、固定沙丘。药用植物。观赏植物。分布于呼伦镇、达赉苏木、阿日哈沙特镇、克尔伦苏木。拍摄于呼伦镇都乌拉。

ᠲᠣᠭᠣᠷᠣᠢ ᠴᠡᠴᠡᠭ

ᠡᠪᠡᠰᠦ ᠳᠡᠭᠡᠷ᠎ᠡ ᠬᠠᠭᠠᠷᠢᠯᠳᠠᠭ᠎ᠠ ᠶ᠋ᠢᠨ ᠦᠷᠡᠭᠡᠨ ᠪᠡᠶ᠎ᠡ ᠂ ᠳᠠᠯᠠᠢ ᠶᠢᠨ ᠡᠪᠡᠰᠦ ᠂ ᠲᠣᠭᠣᠷᠣᠢ ᠴᠡᠴᠡᠭ ᠂ ᠨᠢᠭᠡ ᠵᠢᠯ ᠦᠨ ᠂ ᠡᠮ ᠦᠨ ᠤᠷᠭᠤᠮᠠᠯ

2. 角茴香 *Hypecoum erectum* L.

罂粟科，角茴香属，一年生草本。生于砾石质坡地、沙质地、盐化草甸等处。药用植物。分布于全旗各地。拍摄于阿拉坦额莫勒镇雷达山北。

ᠦᠨᠳᠦᠰᠦᠳᠦ ᠬᠥᠬᠡ ᠪᠤᠳᠠᠭ᠎ᠠ

ᠪᠤᠳᠠᠭ᠎ᠠ ᠶ᠋ᠢᠨ ᠡᠪᠡᠰᠦ ᠂ ᠨᠢᠭᠡ ᠵᠢᠯ ᠂ ᠬᠣᠶᠠᠷ ᠵᠢᠯ ᠦᠨ ᠡᠪᠡᠰᠦ ᠂ ᠵᠠᠮ ᠤ᠋ᠨ ᠳᠠᠭᠠᠤ ᠂ ᠬᠥᠬᠡ ᠪᠤᠳᠠᠭ᠎ᠠ

十三、十字花科 Cruciferae

1. 三肋菘蓝 *Isatis costata* C. A. Mey.

别名：肋果菘蓝、毛三肋菘蓝

十字花科，菘蓝属，一年或二年生草本。生于干河床、芨芨草滩、山坡或沟谷。分布于宝格德乌拉山。拍摄于宝格德乌拉山南沟谷。

ᠪᠣᠲᠤᠭᠤ ᠶᠢᠨ ᠡᠪᠡᠰᠦ

2. 匙荠 *Bunias cochlearioides* Murr.

十字花科，匙荠属，二年生草本。生于湖边草甸。分布于呼伦湖边、克尔伦河边。拍摄于克尔伦河边。

ᠰᠢᠪᠠᠭᠤ ᠶᠢᠨ ᠨᠣᠭᠤᠭᠠ

3. 风花菜 *Rorippa palustris* (L.) Bess.

十字花科，蔊菜属，二年生或多年生草本。生于水边、沟边。幼苗可作饲料。分布于阿拉坦额莫勒镇、克尔伦苏木、达赉苏木。拍摄于克尔伦桥边。

ᠠᠭᠤᠯᠠ ᠶᠢᠨ ᠪᠦᠷᠭᠡᠳ

ᠠᠭᠤᠯᠠᠯᠠᠭ ᠬᠥᠪᠴᠢᠭᠡᠷ ᠭᠠᠵᠠᠷ᠂ ᠬᠥᠷᠦᠰᠥᠯᠢᠭ ᠬᠠᠳᠠᠨ ᠵᠠᠪᠰᠠᠷ ᠲᠤ ᠤᠷᠭᠤᠨ᠎ᠠ᠃ ᠡᠮ ᠦᠨ ᠤᠷᠭᠤᠮᠠᠯ᠃ ᠬᠥᠯᠥᠨ ᠪᠠᠯᠭᠠᠰᠤ᠂ ᠠᠯᠠᠲᠠᠨ ᠡᠮᠡᠯ ᠪᠠᠯᠭᠠᠰᠤ᠂ ᠠᠷᠢᠬᠠᠰᠠᠲᠤ ᠪᠠᠯᠭᠠᠰᠤ᠂ ᠳᠠᠯᠠᠢ ᠰᠤᠮᠤ᠂ ᠪᠠᠭᠠᠳᠤ ᠠᠭᠤᠯᠠ ᠰᠤᠮᠤ ᠵᠡᠷᠭᠡ ᠭᠠᠵᠠᠷ ᠢᠶᠠᠷ ᠲᠠᠷᠬᠠᠨ᠎ᠠ᠃

4. 山菥[xī]蓂[mì] *Thlaspi cochleariforme* DC.

别名：山遏蓝菜

十字花科，菥蓂属，多年生草本。生于山地石质山坡或石缝间。药用植物。分布于呼伦镇、阿拉坦额莫勒镇、阿日哈沙特镇、达赉苏木、宝格德乌拉苏木。拍摄于呼伦镇都乌拉。

ᠬᠤᠨᠢᠨ ᠬᠠᠯᠠᠭᠤᠨ (ᠬᠥᠮᠥᠷᠭᠡ)

ᠵᠠᠮ ᠤᠨ ᠬᠦᠪᠡᠭᠡᠨ᠂ ᠲᠠᠷᠢᠶᠠᠨ ᠤ ᠬᠦᠪᠡᠭᠡ᠂ ᠵᠠᠮ ᠤᠨ ᠳᠡᠷᠭᠡᠳᠡ᠂ ᠬᠥᠳᠡᠭᠡ ᠶᠢᠨ ᠵᠠᠮ ᠤᠨ ᠬᠦᠪᠡᠭᠡ ᠪᠠ ᠳᠠᠪᠤᠰᠤᠯᠢᠭ ᠨᠤᠭᠤ ᠵᠡᠷᠭᠡ ᠭᠠᠵᠠᠷ ᠲᠤ ᠤᠷᠭᠤᠨ᠎ᠠ᠃ ᠡᠮ ᠦᠨ ᠤᠷᠭᠤᠮᠠᠯ᠃ ᠪᠦᠬᠦ ᠬᠤᠰᠢᠭᠤᠨ ᠤ ᠭᠠᠵᠠᠷ ᠢᠶᠠᠷ ᠲᠠᠷᠬᠠᠨ᠎ᠠ᠃

5. 宽叶独行菜 *Lepidium latifolium* L.

别名：羊辣辣

十字花科，独行菜属，多年生草本。生于村舍旁、田边、路旁、渠道边及盐化草甸等处。药用植物。分布于全旗各地。拍摄于阿拉坦额莫勒镇西庙田边。

ᠨᠠᠷᠠᠨ᠎ᠦ᠌ ᠬᠤᠸᠠᠷ

（ᠬᠣᠶᠠᠷ）

6. 独行菜 *Lepidium apetalum* Willd.

别名：腺茎独行菜、辣辣根、辣麻麻

十字花科，独行菜属，一年生或二年生草本。生于村边、路旁、田间、撂荒地、山地、沟谷。药用植物。分布于全旗各地。拍摄于达赉苏木乌布格德乌拉北。

7. 北方庭荠 *Alyssum lenense* Adams

别名：条叶庭荠、线叶庭荠

十字花科，庭荠属，多年生草本。生于丘陵坡地、石质丘顶、沙地。分布于呼伦镇、阿拉坦额莫勒镇、阿日哈沙特镇、达赉苏木、宝格德乌拉苏木、克尔伦苏木。拍摄于阿拉坦额莫勒镇北丘陵。

ᠬᠠᠪᠲᠠᠭᠠᠢ ᠨᠠᠪᠴᠢᠲᠤ ᠬᠠᠶᠢᠯᠠᠰᠤ

ᠤᠯᠠᠨ ᠨᠠᠰᠤᠲᠤ ᠡᠪᠡᠰᠦᠯᠢᠭ ᠤᠷᠭᠤᠮᠠᠯ᠃ ᠠᠭᠤᠯᠠᠷᠬᠠᠭ ᠲᠠᠯ᠎ᠠ ᠬᠥᠨᠳᠡᠢ᠂ ᠴᠢᠯᠠᠭᠤᠷᠬᠠᠭ ᠠᠭᠤᠯᠠ ᠶᠢᠨ ᠬᠣᠷᠮᠣᠢ ᠳᠤ ᠤᠷᠭᠤᠨ᠎ᠠ ᠃ ᠬᠥᠯᠥᠨ ᠪᠠᠯᠭᠠᠰᠤ᠂ ᠠᠷᠢᠬᠠᠰᠢᠲᠤ ᠪᠠᠯᠭᠠᠰᠤ᠂ ᠪᠠᠭᠠᠳᠤᠤᠯᠠᠭᠠᠨ ᠰᠤᠮᠤ᠂ ᠬᠡᠷᠡᠯᠦᠨ ᠰᠤᠮᠤ ᠳᠤ ᠲᠠᠷᠬᠠᠨ᠎ᠠ᠃

8. 倒卵叶庭荠 *Alyssum obovatum*（C. A. Mey.）Turcz.

别名：西伯利亚庭荠

十字花科，庭荠属，多年生草本。生长于山地草原、石质山坡。分布于呼伦镇、阿日哈沙特镇、宝格德乌拉苏木、克尔伦苏木。拍摄于阿拉坦额莫勒镇北丘陵。

ᠦᠲᠡᠷ᠃

ᠤᠯᠠᠨ ᠨᠠᠰᠤᠲᠤ ᠵᠢᠵᠢᠭ ᠬᠠᠭᠠᠰ ᠪᠤᠲᠠᠯᠢᠭ ᠤᠷᠭᠤᠮᠠᠯ᠃ ᠬᠠᠶᠢᠷᠴᠠᠭ ᠴᠢᠯᠠᠭᠤᠷᠬᠠᠭ ᠠᠭᠤᠯᠠ ᠶᠢᠨ ᠬᠣᠷᠮᠣᠢ᠂ ᠬᠠᠭᠤᠷᠠᠢ ᠭᠣᠣᠯ ᠤᠨ ᠰᠠᠪᠠ ᠳᠤ ᠤᠷᠭᠤᠨ᠎ᠠ᠃ ᠰᠢᠨ᠎ᠠ ᠪᠠᠷᠭᠤ ᠪᠠᠷᠠᠭᠤᠨ ᠬᠣᠰᠢᠭᠤᠨ ᠤ ᠡᠯ᠎ᠡ ᠭᠠᠵᠠᠷ ᠲᠤ ᠲᠠᠷᠬᠠᠨ᠎ᠠ᠃

9. 燥原荠 *Ptilotrichum canescens* (DC.) C. A. Mey.

十字花科，燥原荠属，小半灌木。生于砾石质山坡、干河床。分布于全旗各地。拍摄于呼伦镇都乌拉西。

ᠨᠠᡵᠢᠨ ᠨᠠᠪᠴᠢᠲᠤ ᠴᠠᠭᠠᠨ

ᠨᠠᠷᠢᠨ ᠨᠠᠪᠴᠢᠲᠤ ᠴᠠᠭᠠᠨ ᠤ᠋ ᠪᠠᠷᠠᠭᠠᠨ ᠴᠡᠴᠡᠭ᠌᠄ ᠪᠤᠷᠠᠮ ᠴᠡᠴᠡᠭ᠌ ᠤ᠋ ᠢᠵᠠᠭᠤᠷ ᠤ᠋ ᠴᠠᠭᠠᠨ ᠤ᠋ ᠪᠠᠷᠠᠭᠠᠨ ᠲᠥᠷᠦᠯ ᠤ᠋ ᠬᠠᠭᠠᠰ ᠰᠥᠭᠡᠭᠳᠦ ᠤᠷᠭᠤᠮᠠᠯ᠃

10. 细叶燥原荠 *Ptilotrichum tenuifolium* (Steph. ex Willd.) C. A. Mey.

别名：薄叶燥原荠

十字花科，燥原荠属，半灌木。生于砾石质山坡，草地、河谷。分布于达赉苏木、克尔伦苏木。拍摄于克尔伦苏木山达图花。

ᠬᠦᠷᠮᠡᠯᠵᠢᠨ

ᠬᠦᠷᠮᠡᠯᠵᠢᠨ᠄ ᠪᠤᠷᠠᠮ ᠴᠡᠴᠡᠭ᠌ ᠤ᠋ ᠢᠵᠠᠭᠤᠷ ᠤ᠋ ᠬᠦᠷᠮᠡᠯᠵᠢᠨ ᠤ᠋ ᠲᠥᠷᠦᠯ ᠤ᠋ ᠨᠢᠭᠡ ᠨᠠᠰᠤᠲᠤ ᠡᠪᠡᠰᠦᠯᠢᠭ ᠤᠷᠭᠤᠮᠠᠯ᠃

11. 葶苈 *Draba nemorosa* L.

别名：光果葶苈

十字花科，葶苈属，一年生草本。生于山坡草甸、林缘、沟谷溪边。药用植物。分布于阿日哈沙特镇、达赉苏木。拍摄于达赉苏木扎哈音温都日南沟谷。

ᠤᠯᠠᠭᠠᠨ ᠴᠡᠴᠡᠭᠲᠦ᠌

ᠨᠢᠮᠭᠡᠨ ᠢᠰᠭᠡᠷᠡᠭᠡᠨᠡ᠂ ᠵᠢᠭᠠᠬᠠᠨ ᠴᠡᠴᠡᠭᠲᠦ᠌
ᠬᠡᠯᠡ᠂ ᠪᠤᠳᠠ ᠦᠭᠡᠢ᠃ ᠳᠠᠪᠤᠰᠤᠯᠢᠭ
ᠡᠪᠡᠰᠦ᠃ ᠠᠭᠤᠯᠠᠨ ᠤ ᠤᠢ ᠶᠢᠨ
ᠵᠠᠬᠠ ᠶᠢᠨ ᠨᠤᠭᠤ᠂ ᠭᠤᠤ᠂ ᠭᠤᠤᠯ ᠤᠨ
ᠬᠦᠪᠡᠭᠡ᠂ ᠲᠤᠭᠲᠠᠮᠠᠯ ᠡᠯᠡᠰᠦᠨ ᠳᠤ
ᠤᠷᠭᠤᠨᠠ᠃ ᠬᠡᠷᠦᠯᠦᠨ ᠰᠤᠮᠤ ᠳ᠋ᠤ
ᠲᠠᠷᠬᠠᠨᠠ᠃

12. 小花花旗杆 *Dontostemon micranthus* C. A. Mey.

十字花科，花旗杆属，一年或二年生草本。生于山地林缘草甸、沟谷、河滩、固定沙地。分布于克尔伦苏木。拍摄于克尔伦苏木乌珠日山达。

ᠪᠦᠲᠦᠨ ᠨᠠᠪᠴᠢᠲᠦ᠌

ᠰᠢᠷᠬᠡᠭ ᠨᠠᠪᠴᠢᠲᠦ᠌᠂ ᠪᠤᠯᠴᠢᠷᠬᠠᠢ
ᠦᠭᠡᠢ ᠢᠰᠭᠡᠷᠡᠭᠡᠨᠡ᠃ ᠬᠡᠯᠡ᠂ ᠪᠤᠳᠠ
ᠦᠭᠡᠢ᠃ ᠨᠢᠭᠡ ᠪᠤᠶᠤ ᠬᠤᠶᠠᠷ
ᠨᠠᠰᠤᠲᠦ᠌ ᠡᠪᠡᠰᠦ᠃ ᠡᠯᠡᠰᠦᠯᠢᠭ
ᠬᠡᠭᠡᠷᠡ᠂ ᠴᠢᠯᠠᠭᠤᠯᠢᠭ ᠬᠠᠵᠠᠭᠤ ᠳ᠋ᠤ
ᠤᠷᠭᠤᠨᠠ᠃

13. 全缘叶花旗杆 *Dontostemon integrifolius* （L.）C. A. Mey.

别名：线叶花旗杆、无腺花旗杆

十字花科，花旗杆属，一年生或二年生草本。生于沙质草原、石质坡地。分布于呼伦镇、阿拉坦额莫勒镇、达赉苏木、宝格德乌拉苏木。拍摄于达赉苏木乌布格德乌拉北。

ᠨᠠᠭᠠᠷᠮᠠᠭ ᠴᠠᠭᠠᠨ
（ᠬᠣᠯᠣᠭᠠᠨ᠎ᠠ）

ᠡᠪᠡᠰᠦ ᠪᠤᠢ᠃
ᠡᠪᠡᠰᠦ ᠮᠠᠯ᠂ ᠠᠭᠤᠯᠠ ᠶᠢᠨ ᠬᠡᠪᠡᠯᠢ᠂ ᠪᠠᠭ᠎ᠠ ᠳᠤ ᠤᠷᠭᠤᠨ᠎ᠠ᠃
ᠲᠠᠷᠢᠶᠠᠯᠠᠩ ᠤᠨ ᠰᠤᠮᠤ᠂ ᠪᠠᠭᠠᠳᠤ ᠤᠯᠠᠭᠠᠨ
ᠰᠤᠮᠤ᠂ ᠳ᠋ᠠᠴᠢᠨ ᠰᠤᠮᠤ ᠳᠤ ᠲᠠᠷᠬᠠᠨ᠎ᠠ᠃
ᠪᠠᠭᠠᠳᠤ ᠤᠯᠠᠭᠠᠨ ᠠᠭᠤᠯᠠ ᠶᠢᠨ
ᠳᠣᠷᠣᠨ᠎ᠠ ᠵᠢᠷᠤᠭ ᠪᠤᠯᠭᠠᠪᠠ᠃

14. 多型蒜芥 *Sisymbrium polymorphum* (Murr.) Roth

别名：寿蒜芥

十字花科，大蒜芥属，多年生草本。生于山坡或草地。分布于阿日哈沙特镇、宝格德乌拉苏木、克尔伦苏木、达赉苏木。拍摄于宝格德乌拉山东。

ᠨᠠᠷᠢᠨ ᠨᠠᠪᠴᠢᠲᠤ
（ᠵᠡᠷᠯᠢᠭ ᠨᠣᠭᠤᠭ᠎ᠠ）

ᠡᠪᠡᠰᠦ ᠪᠤᠢ᠃
ᠡᠪᠡᠰᠦ ᠨᠢ ᠢᠳᠡᠰᠢᠯᠡᠬᠦ᠂ ᠡᠮ ᠤᠨ
ᠤᠷᠭᠤᠮᠠᠯ ᠪᠤᠯᠤᠨ᠎ᠠ᠃ ᠲᠠᠷᠬᠠᠯᠲᠠ᠂ ᠠᠭᠤᠯᠠ
ᠶᠢᠨ ᠨᠤᠭᠤ᠂ ᠵᠢᠯᠠᠭ᠎ᠠ᠂ ᠲᠣᠰᠬᠤᠨ ᠤ ᠣᠢᠷ᠎ᠠ᠂
ᠲᠠᠷᠢᠶᠠᠨ ᠤ ᠬᠦᠪᠡᠭᠡ ᠳᠤ ᠤᠷᠭᠤᠨ᠎ᠠ᠃ ᠳ᠋ᠠᠴᠢᠨ
ᠰᠤᠮᠤ᠂ ᠪᠠᠭᠠᠳᠤ ᠠᠭᠤᠯᠠ ᠳᠤ ᠲᠠᠷᠬᠠᠨ᠎ᠠ᠃

15. 播娘蒿 *Descurainia sophia* (L.) Webb. ex Prantl

别名：野芥菜

十字花科，播娘蒿属，一年生或二年生草本。生于山地草甸、沟谷、村旁、田边。可食用、药用植物。分布于达赉苏木、宝东山。拍摄于达赉苏木伊和双乌拉西沿边境线。

ᠤᠯᠠᠭᠠᠨ ᠳᠠᠷᠢ

16. 小花糖芥 *Erysimum cheiranthoides* L.

别名：桂竹香糖芥

十字花科，糖芥属，一年生或二年生草本。生于山地林缘、草原、草甸、沟谷。药用植物。分布于呼伦镇、贝尔苏木。拍摄于呼伦镇查干陶勒盖。

ᠰᠢᠷᠠ ᠳᠠᠷᠢ (ᠠᠯᠲᠠᠢ ᠳᠠᠷᠢ)

17. 蒙古糖芥 *Erysimum flavum* (Georgi) Bobrov

别名：阿尔泰糖芥、兴安糖芥

十字花科，糖芥属，多年生草本。生于山坡、河滩及典型草原、草甸草原。药用植物。分布于阿拉坦额莫勒镇、贝尔苏木、宝格德乌拉苏木。拍摄于阿拉坦额莫勒额尔敦乌拉北。

ᠮᠤᠬᠤᠷ ᠨᠠᠪᠴᠢᠲᠤ

18. 垂果南芥 *Arabis pendula* L.

别名：粉绿垂果南芥

十字花科，南芥属，一年生或二年生草本。生于山地林缘、灌丛、沟谷、河边。药用植物。分布于阿日哈沙特镇阿贵洞。拍摄于阿贵洞。

ᠮᠤᠬᠤᠷ ᠨᠠᠪᠴᠢᠲᠤ ᠲᠡᠭᠡᠷᠢᠰ （石莲华）

十四、景天科 Crassulaceae

1. 钝叶瓦松 *Orostachys malacophyllus* (Pall.) Fisch.

别名:石莲华

景天科，瓦松属，二年生草本。生于山地、丘陵的砾石质坡地及平原的沙质地。药用植物。羊采食后可减少饮水量。分布于全旗各地。拍摄于贝尔苏木莫农塔拉。

2. 瓦松 *Orostachys fimbriata* (Turcz.) A. Berger

别名：酸溜溜、酸窝窝

景天科，瓦松属，二年生草本。生于石质山坡、石质丘陵及沙质地。药用植物。分布于全旗各地。拍摄于宝格德乌拉山。

3. 费菜 *Phedimus aizoon*（L.）'t Hart.

别名：土三七、景天三七、见血散

景天科，费菜属，多年生草本。生于山地林下、林缘草甸、沟谷草甸、山坡灌丛。药用植物。观赏植物。分布于呼伦镇、阿日哈沙特镇、宝格德乌拉苏木、克尔伦苏木、达赉苏木。拍摄于宝格德乌拉山。

ᠨᠠᠷᠢᠨ
ᠨᠠᠪᠴᠢᠲᠦ
ᠦᠵᠦᠮ

十五、虎耳草科 Saxifragaceae

小叶茶藨[biāo] *Ribes pulchellum* Turcz.

别名：美丽茶藨、酸麻子、蝶花茶藨子

虎耳草科、茶藨属，灌木。生于石质山坡与沟谷。观赏植物。分布于阿日哈沙特镇、克尔伦苏木。拍摄于阿贵洞山上。

十六、蔷薇科 Rosaceae

1. 柳叶绣线菊 *Spiraea salicifolia* L.

别名：绣线菊、空心柳、贫齿柳叶绣线菊

蔷薇科，绣线菊属，灌木。生于河流沿岸、湿草甸、山坡林缘及沟谷。观赏和水土保持植物。分布于乌尔逊河、克尔伦河边。拍摄于乌尔逊河边。

2. 楼斗叶绣线菊 *Spiraea aquilegifolia* Pall.

蔷薇科，绣线菊属，灌木。生于低山丘陵阴坡。观赏和水土保持植物。分布于阿日哈沙特镇、克尔伦苏木、宝格德乌拉山上。拍摄于宝格德乌拉山。

3. 山荆子 *Malus baccata*（L.）Borkh.

别名：山定子、林荆子

蔷薇科，苹果属，乔木。生于河流两岸谷地，山地林缘及森林草原带的沙地。嫩叶可代茶叶用。观赏植物。分布于克尔伦苏木。拍摄于克尔伦苏木固日班尼阿尔山西。

ᠮᠣᠩᠭᠣᠯ

ᠵᠡᠷᠯᠢᠭ ᠰᠦᠷᠦᠭ ᠵᠢᠮᠢᠰ

4. 山刺玫 *Rosa davurica* Pall.

别名：刺玫果

蔷薇科，蔷薇属，灌木。生于山地林下、林缘、石质山坡、河岸沙质地。药用植物，果可食，观赏和水土保持植物。分布于克尔伦苏木。拍摄于克尔伦苏木固日班尼阿尔山西。

5. 地榆 *Sanguisorba officinalis* L.

别名：蒙古枣、黄瓜香

蔷薇科，地榆属，多年生草本。生于林缘草甸、林下、河滩草甸及草甸草原。药用植物。分布于全旗各地。拍摄于阿日哈沙特镇白彦塔拉东。

ᠳ᠋ᠡᠭᠡᠰᠦ
ᠡᠪᠡᠰᠦ

6. 水杨梅 *Geum aleppicum* Jacq.

别名：路边青

蔷薇科，水杨梅属，多年生草本。林缘草甸，河滩沼泽草甸、河边。药用植物。分布于乌尔逊河、克尔伦河边。拍摄于乌尔逊河边。

7. 龙牙草 *Agrimonia pilosa* Ledeb.

别名：仙鹤草、黄龙尾

蔷薇科，龙牙草属，多年生草本。生于山地林缘草甸、低湿地草甸、河边、路旁。药用植物。分布于阿日哈沙特镇路旁、达赉苏木。拍摄于达赉苏木扎哈音温都日。

ᠵᠢᠵᠢᠭ ᠨᠠᠪᠴᠢᠲᠤ
ᠠᠯᠲᠠᠨ᠎ᠠ
(ᠵᠢᠵᠢᠭ ᠠᠯᠲᠠᠨ᠎ᠠ)

ᠰᠠᠷᠨᠠᠢ ᠶᠢᠨ ᠢᠵᠠᠭᠤᠷ ᠂ ᠠᠯᠲᠠᠨ᠎ᠠ ᠶᠢᠨ ᠲᠥᠷᠥᠯ ᠂ ᠪᠤᠲᠠ ᠤᠷᠭᠤᠮᠠᠯ ᠃ ᠠᠭᠤᠯᠠ ᠪᠣᠯᠤᠨ ᠳᠣᠪᠣ ᠭᠣᠣᠯ ᠤᠨ ᠴᠢᠯᠠᠭᠤᠯᠢᠭ ᠰᠢᠷᠣᠢᠲᠤ ᠬᠠᠵᠠᠭᠤ ᠳᠤ ᠤᠷᠭᠤᠨ᠎ᠠ ᠃ ᠡᠮ ᠦᠨ ᠤᠷᠭᠤᠮᠠᠯ ᠃ ᠦᠵᠡᠮᠵᠢ ᠶᠢᠨ ᠪᠣᠯᠤᠨ ᠤᠰᠤ ᠰᠢᠷᠣᠢ ᠬᠠᠮᠠᠭᠠᠯᠠᠬᠤ ᠤᠷᠭᠤᠮᠠᠯ ᠃

8. 小叶金露梅 *Pentaphylloides parvifolia* (Fisch. ex Lehm.) Sojak.

别名：小叶金老梅

蔷薇科，金露梅属，灌木。生于山地与丘陵砾石质坡地。药用植物。观赏和水土保持植物。分布于阿日哈沙特镇阿贵洞山上。拍摄于阿贵洞山上。

ᠮᠥᠯᠬᠥᠭᠡ
ᠮᠥᠯᠬᠥᠭᠡ ᠶᠢᠨ ᠲᠥᠷᠥᠯ

ᠰᠠᠷᠨᠠᠢ ᠶᠢᠨ ᠢᠵᠠᠭᠤᠷ ᠂ ᠮᠥᠯᠬᠥᠭᠡ ᠶᠢᠨ ᠲᠥᠷᠥᠯ ᠂ ᠣᠯᠠᠨ ᠵᠢᠯ ᠦᠨ ᠡᠪᠡᠰᠦᠯᠢᠭ ᠤᠷᠭᠤᠮᠠᠯ ᠃ ᠠᠭᠤᠯᠠ ᠶᠢᠨ ᠣᠢ ᠮᠣᠳᠣᠨ ᠤ ᠬᠣᠭᠣᠷᠣᠨᠳᠣ ᠬᠢ ᠨᠤᠭᠤ ᠪᠠ ᠭᠣᠣᠯ ᠤᠨ ᠬᠥᠪᠡᠭᠡᠨ ᠦ ᠨᠤᠭᠤ ᠂ ᠣᠢ ᠮᠣᠳᠣᠨ ᠤ ᠳᠣᠣᠷ᠎ᠠ ᠤᠷᠭᠤᠨ᠎ᠠ ᠃

9. 匍枝委陵菜 *Potentilla flagellaris* Willd. ex Schlecht.

别名：蔓委陵菜

蔷薇科，委陵菜属，多年生草本。山地林间草甸及河滩草甸、林下。分布于阿拉坦额莫勒镇。拍摄于阿拉坦额莫勒镇西南。

ᠭᠠᠯᠠᠭᠤ ᠶᠢᠨ ᠲᠠᠪᠠᠭ (ᠲᠠᠨᠠᠮᠠᠯ)

10. 鹅绒委陵菜 *Potentilla anserine* L.

别名：河篦梳、蕨麻委陵菜、曲尖委陵菜

蔷薇科，委陵菜属，多年生草本。生于河滩、低湿地草甸、盐化草甸、沼泽化草甸、农田。药用植物。分布于阿拉坦额莫勒镇、呼伦镇、阿日哈沙特镇、克尔伦苏木。拍摄于阿贵洞。

ᠠᠲᠠᠷ ᠤᠨ ᠲᠠᠪᠠᠭ

11. 二裂委陵菜 *Potentilla bifurca* L.

别名：叉叶委陵菜

蔷薇科，委陵菜属，多年生草本或亚灌木。生于典型草原、草甸草原、荒漠草原带的小型凹地、草原化草甸、轻度盐化草甸、山地灌丛、林缘、农田、路旁。骆驼四季均食；牛、马采食较少。分布于全旗各地。拍摄于贝尔苏木布达图北。

ᠣᠯᠠᠨ ᠵᠢᠯ ᠤᠨ ᠡᠪᠡᠰᠣ ᠪᠣᠶᠣ ᠨᠠᠮᠬᠠᠨ ᠪᠣᠲᠠᠯᠢᠭ ᠡᠪᠡᠰᠣ ᠃ ᠲᠠᠷᠢᠶᠠᠯᠠᠩ ᠤᠨ ᠭᠠᠵᠠᠷ ᠂ ᠵᠠᠮ ᠤᠨ ᠬᠥᠪᠡᠭᠡ ᠂ ᠭᠣᠣᠯ ᠤᠨ ᠡᠯᠡᠰᠣᠨ ᠬᠥᠨᠳᠡᠢ ᠂ ᠠᠭᠤᠯᠠ ᠬᠡᠭᠡᠷ᠎ᠡ ᠳᠤ ᠤᠷᠭᠤᠳᠠᠭ ᠃ ᠠᠯᠲᠠᠨ ᠡᠮᠡᠯ ᠪᠠᠯᠭᠠᠰᠣ ᠂ ᠳ᠋ᠠ ᠴᠢᠨ ᠰᠤᠮᠤ ᠂ ᠬᠥᠯᠥᠨ ᠨᠠᠭᠤᠷ ᠤᠨ ᠬᠥᠪᠡᠭᠡ ᠪᠡᠷ ᠲᠠᠷᠬᠠᠨ ᠤᠷᠭᠤᠨ᠎ᠠ ᠃ (ᠤᠷᠭᠤᠮᠠᠯ)

12. 高二裂委陵菜 *Potentilla bifurca* L. var. *major* Ledeb.

别名：长叶二裂委陵菜

蔷薇科，委陵菜属，多年生草本或亚灌木。生于农田、路旁、河滩沙地、山地草甸。分布于阿拉坦额莫勒镇、达赉苏木、呼伦湖河岸。拍摄于阿拉坦额莫勒镇额尔敦乌拉。

ᠣᠳᠣᠨ ᠦᠰᠦᠳᠦ ᠲᠠᠪᠠᠭ ᠡᠪᠡᠰᠣ

ᠣᠯᠠᠨ ᠵᠢᠯ ᠤᠨ ᠡᠪᠡᠰᠣᠯᠢᠭ ᠤᠷᠭᠤᠮᠠᠯ ᠃ ᠠᠭᠤᠯᠠ ᠶᠢᠨ ᠡᠩᠭᠡᠷ ᠂ ᠡᠯᠡᠰᠣᠷᠬᠡᠭ ᠬᠡᠭᠡᠷ᠎ᠡ ᠂ ᠬᠠᠶᠢᠷᠭᠤᠯᠢᠭ ᠬᠡᠭᠡᠷ᠎ᠡ ᠪᠣᠯᠣᠨ ᠪᠡᠯᠴᠢᠭᠡᠷᠯᠡᠯᠲᠡ ᠪᠡᠷ ᠳᠣᠷᠣᠶᠢᠲᠠᠭᠰᠠᠨ ᠬᠡᠭᠡᠷ᠎ᠡ ᠳᠤ ᠤᠷᠭᠤᠳᠠᠭ ᠃ ᠬᠣᠨᠢ ᠡᠪᠥᠯ ᠬᠠᠪᠤᠷ ᠤᠨ ᠤᠯᠠᠷᠢᠯ ᠳᠤ ᠲᠡᠭᠦᠨ ᠦ ᠴᠡᠴᠡᠭ ᠪᠠ ᠵᠥᠭᠡᠯᠡᠨ ᠨᠠᠪᠴᠢ ᠶᠢ ᠳᠤᠷᠠᠲᠠᠢ ᠢᠳᠡᠳᠡᠭ ᠂ ᠦᠬᠡᠷ ᠂ ᠲᠡᠮᠡᠭᠡ ᠢᠳᠡᠬᠦ ᠦᠭᠡᠢ ᠂ ᠮᠣᠷᠢ ᠵᠥᠪᠬᠡᠨ ᠡᠪᠡᠰᠣ ᠳᠤᠲᠠᠭᠳᠠᠭᠰᠠᠨ ᠪᠠᠶᠢᠳᠠᠯ ᠳᠤ ᠪᠠᠭ᠎ᠠ ᠲᠡᠭᠦᠵᠦ ᠢᠳᠡᠨ᠎ᠡ ᠃

13. 星毛委陵菜 *Potentilla acaulis* L.

别名：无茎委陵菜

蔷薇科，委陵菜属，多年生草本。生于山坡、沙质草原、砾石质草原及放牧退化草原。羊在冬季与春季喜食其花与嫩叶，牛、骆驼不食，马仅在缺草情况下少量采食。分布于全旗各地。拍摄于呼伦镇都乌拉山下。

14. 三出委陵菜 *Potentilla betonicifolia* Poir.

别名：白叶委陵菜、三出叶委陵菜、白萼委陵菜

蔷薇科，委陵菜属，多年生草本。生于向阳石质山坡、石质丘顶及粗骨性土壤上。药用植物。分布于全旗各地。拍摄于呼伦镇都乌拉。

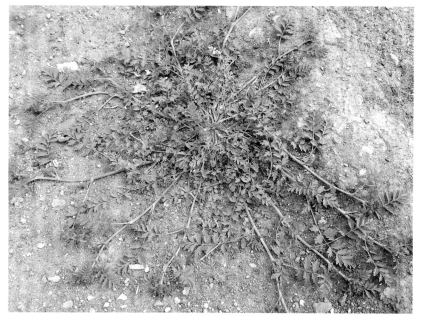

15. 朝天委陵菜 *Potentilla supina* L.

别名：铺地委陵菜、伏萎陵菜、背铺委陵菜

蔷薇科，委陵菜属，一年生或二年生草本。生于低湿地上、农田及路旁。分布于全旗各地。拍摄于阿拉坦额莫勒镇北加油站西路边。

ᠪᠣᠷᠣᠯᠵᠢᠨ᠎ᠠ ᠬᠡᠮᠡᠨ ᠨᠡᠷᠡᠯᠡᠳᠡᠭ ᠃ ᠲᠡᠷᠢᠭᠦᠨ ᠤ ᠡᠪᠡᠰᠦᠨ ᠳᠤ ᠪᠣᠯᠤᠨ ᠭᠣᠪᠢ ᠶ᠋ᠢᠨ ᠲᠠᠯ᠎ᠠ ᠶ᠋ᠢᠨ ᠪᠦᠷᠢᠳᠦᠯ ᠪᠤᠷᠢ ᠶ᠋ᠢᠨ ᠳᠤᠳᠤᠷ᠎ᠠ ᠪᠤᠯᠤᠨ ᠠᠭᠤᠯᠠᠨ ᠤ ᠲᠠᠯ᠎ᠠ ᠪᠤᠯᠤᠨ ᠪᠤᠲᠠ ᠶ᠋ᠢᠨ ᠳᠤᠳᠤᠷ᠎ᠠ ᠤᠷᠭᠤᠳᠠᠭ ᠃ ᠬᠤᠰᠢᠭᠤᠨ ᠤ ᠭᠠᠵᠠᠷ ᠪᠦᠷᠢ ᠪᠡᠷ ᠲᠠᠷᠬᠠᠭᠰᠠᠨ ᠪᠠᠶᠢᠨ᠎ᠠ ᠃ ᠬᠦᠯᠦᠨ ᠪᠠᠯᠭᠠᠰᠤᠨ ᠤ ᠳᠥ ᠥᠯᠠ ᠳ᠋ᠤ ᠪᠠᠷᠢᠮᠲᠠᠯᠠᠪᠠ ᠃

16. 轮叶委陵菜 *Potentilla verticillaris* Steph. ex Willd.

蔷薇科，委陵菜属，多年生草本。生长典型草原群落、荒漠草原群落及山地草原和灌丛中。分布于全旗各地。拍摄于呼伦镇都乌拉。

ᠲᠣᠷᠭᠠᠨ ᠨᠣᠣᠰᠤᠲᠤ ᠪᠣᠷᠣᠯᠵᠢᠨ᠎ᠠ ᠬᠡᠮᠡᠨ ᠨᠡᠷᠡᠯᠡᠳᠡᠭ ᠃ ᠲᠡᠷᠢᠭᠦᠨ ᠤ ᠡᠪᠡᠰᠦᠨ ᠤ ᠪᠦᠷᠢᠳᠦᠯ ᠪᠣᠯᠤᠨ ᠭᠣᠪᠢ ᠶ᠋ᠢᠨ ᠲᠠᠯ᠎ᠠ ᠶ᠋ᠢᠨ ᠪᠦᠷᠢᠳᠦᠯ ᠤᠨ ᠳᠤᠳᠤᠷ᠎ᠠ ᠤᠷᠭᠤᠳᠠᠭ ᠃ ᠠᠷᠢᠬᠠᠱᠠᠲᠤ ᠂ ᠬᠦᠯᠦᠨ ᠪᠠᠯᠭᠠᠰᠤ ᠂ ᠳᠠᠯᠠᠢ ᠰᠤᠮᠤ ᠂ ᠪᠠᠭ᠎ᠠ ᠳᠥ ᠥᠯᠠ ᠰᠤᠮᠤ ᠳ᠋ᠤ ᠲᠠᠷᠬᠠᠭᠰᠠᠨ ᠪᠠᠶᠢᠨ᠎ᠠ ᠃ ᠬᠦᠯᠦᠨ ᠪᠠᠯᠭᠠᠰᠤᠨ ᠤ ᠳᠥ ᠥᠯᠠ ᠳ᠋ᠤ ᠪᠠᠷᠢᠮᠲᠠᠯᠠᠪᠠ ᠃

17. 绢毛委陵菜 *Potentilla sericea* L.

蔷薇科，委陵菜属，多年生草本。生于典型草原群落、荒漠草原群落中。分布于阿日哈沙特、呼伦镇、达赉苏木、宝格德乌拉苏木。拍摄于呼伦镇都乌拉。

18. 多裂委陵菜 *Potentilla multifida* L.

蔷薇科，委陵菜属，多年生草本。生于山坡草甸、林缘。药用植物。分布于呼伦镇、阿拉坦额莫勒镇、达赉苏木、克尔伦苏木。拍摄于呼伦镇都乌拉山下。

19. 掌叶多裂委陵菜 *Potentilla multifida* L. var. *ornithopoda* (Tausch) Th. Wolf

蔷薇科，委陵菜属，多年生草本。生于典型草原、荒漠草原、草甸草原群落中。药用植物。分布于呼伦镇、贝尔苏木。拍摄于呼伦镇查干陶勒盖南。

ᠵᠢᠭᠠᠰᠤ ᠪᠡ᠎᠎᠎᠎᠎᠎ :

᠎᠎ (᠎᠎᠎)

20. 菊叶委陵菜 *Potentilla tanacetifolia* Willd. ex Schlecht.

别名：蒿叶委陵菜、沙地委陵菜

蔷薇科，委陵菜属，多年生草本。生于典型草原和草甸草原。药用植物。牛、马在青鲜时少量采食，干枯后几乎不食；在干鲜状态时，羊均少量采食其叶。分布于全旗各地。拍摄于贝尔苏木莫农塔拉。

᠎᠎᠎

21. 腺毛委陵菜 *Potentilla longifolia* Willd. ex Schlecht.

别名：粘委陵菜

蔷薇科，委陵菜属，多年生草本。生于典型草原和草甸草原。分布于全旗各地。拍摄于达赉苏木巴嘎双乌拉东。

22. 茸毛委陵菜 *Potentilla strigosa*
Pall. ex Pursh.

别名：灰白委陵菜

蔷薇科，委陵菜属，多年生草本。生于典型草原、草甸草原、山地草原和草甸、沙丘。分布于阿拉坦额莫勒镇。拍摄于阿拉坦额莫勒镇额尔敦乌拉。

23. 伏毛山莓草 *Sibbaldia adpressa* Bunge

蔷薇科，山莓草属，多年生草本。生于沙质及砾石质干草原或山地草原群落中。分布于全旗各地。拍摄于阿拉坦额莫勒镇额尔敦乌拉东。

ᠲᠣᠷᠭᠠᠨ ᠬᠣᠩᠭᠢᠯ ᠡᠪᠡᠰᠦ（ᠯᠠᠲ᠋ᠢᠨ ᠨᠡᠷ᠎ᠡ）

ᠪᠥᠭᠡᠷᠡᠩᠬᠡᠢ ᠴᠡᠴᠡᠭ᠍ᠲᠦ ᠪᠣᠷᠣ ᠴᠡᠴᠡᠭ᠍ᠲᠦ ᠣᠪᠣᠭ ᠤᠨ᠂ ᠲᠣᠷᠭᠠᠨ ᠬᠣᠩᠭᠢᠯ ᠡᠪᠡᠰᠦ ᠲᠥᠷᠥᠯ ᠦᠨ᠂ ᠣᠯᠠᠨ ᠨᠠᠰᠤᠲᠤ ᠪᠣᠭᠣᠨᠢ ᠥᠪᠡᠰᠦᠯᠢᠭ ᠤᠷᠭᠤᠮᠠᠯ᠃ ᠨᠠᠮ ᠠᠭᠤᠯᠠ ᠲᠣᠪᠣᠴᠠᠭ ᠲᠤ ᠤᠷᠭᠤᠨ᠎ᠠ᠃

24. 绢毛山莓草 *Sibbaldia sericea*（Grub.）Sojak

蔷薇科，山莓草属，多年生矮小草本。生于低山丘陵。分布于呼伦镇、阿拉坦额莫勒镇、阿日哈沙特镇、宝格德乌拉苏木。拍摄于阿拉坦额莫勒镇额尔敦乌拉东。

ᠭᠠᠵᠠᠷ ᠰᠠᠷᠪᠠᠩ

ᠪᠥᠭᠡᠷᠡᠩᠬᠡᠢ ᠴᠡᠴᠡᠭ᠍ᠲᠦ ᠣᠪᠣᠭ ᠤᠨ᠂ ᠭᠠᠵᠠᠷ ᠰᠠᠷᠪᠠᠩ ᠲᠥᠷᠥᠯ ᠦᠨ᠂ ᠨᠢᠭᠡ ᠨᠠᠰᠤᠲᠤ ᠪᠤᠶᠤ ᠬᠣᠶᠠᠷ ᠨᠠᠰᠤᠲᠤ ᠥᠪᠡᠰᠦᠯᠢᠭ ᠤᠷᠭᠤᠮᠠᠯ᠃ ᠬᠠᠶᠢᠷ ᠴᠢᠯᠠᠭᠤᠯᠢᠭ ᠲᠣᠪᠣᠴᠠᠭ᠂ ᠠᠭᠤᠯᠠ ᠶᠢᠨ ᠬᠠᠵᠠᠭᠤ᠂ ᠡᠯᠡᠰᠦ ᠬᠠᠶᠢᠷᠯᠢᠭ ᠬᠡᠭᠡᠷ᠎ᠡ ᠲᠠᠯ᠎ᠠ ᠳᠤ ᠤᠷᠭᠤᠨ᠎ᠠ᠃

25. 地蔷薇 *Chamaerhodos erecta* (L.) Bunge

别名：直立地蔷薇

蔷薇科，地蔷薇属，一年生或二年生草本。生于砾石质丘陵、山坡、沙砾质草原。药用植物。分布于全旗各地。拍摄于宝格德乌拉山。

ᠭᠤᠷᠪᠠᠨ
ᠬᠡᠮᠬᠡᠷᠢᠭᠡ
ᠪᠠᠭᠠᠵᠠ

26. 三裂地蔷薇 *Chamaerhodos trifida* Ledeb.

别名：矮地蔷薇

蔷薇科，地蔷薇属，多年生草本。生于山地、丘陵砾石质坡地及沙质土壤上。分布于全旗各地。拍摄于阿拉坦额莫勒镇雷达北山。

十七、豆科 Leguminosae

1. 披针叶黄花 *Thermopsis lancelata* R. Br.

别名：苦豆子、面人眼睛、绞蛆爬、牧马豆

豆科，黄花属，多年生草本。生于盐化草甸、沙质地或石质山坡。药用植物。羊、牛于晚秋、冬春喜食，或在干旱年份采食。分布于呼伦镇、阿日哈沙特镇、阿拉坦额莫勒镇、达赉苏木、宝格德乌拉苏木。拍摄于宝格德乌拉苏木根子西路边。

ᠬᠠᠷᠠ ᠪᠤᠷᠴᠠᠭ

2. 苦马豆 *Sphaerophysa salsula* (Pall.) DC.

别名：羊卵蛋、羊尿泡

豆科，苦马豆属，多年生草本。生于盐碱性荒地、河岸低湿地、沙质地。药用植物。青鲜状态家畜不乐意采食，秋季干枯后，绵羊、山羊、骆驼采食一些。分布于克尔伦苏木、达赉苏木。拍摄于克尔伦苏木呼乌拉北。

ᠴᠢᠬᠡᠷ ᠡᠪᠡᠰᠤ

3. 甘草 *Glycyrrhiza uralensis* Fsich. ex DC.

别名：甜草苗

豆科，甘草属，多年生草本。生于碱化沙地、沙质草原、沙土质的田边、路旁、低地边缘及河岸轻度碱化的草甸。药用植物。现蕾前骆驼乐意采食，渐干后各种家畜均采食，绵羊、山羊尤喜食其荚果。分布于全旗各地。拍摄于宝格德乌拉山东。

ᠲᠣᠣᠷᠠᠢ (ᠳᠣᠲᠣᠷ᠎ᠠ ᠶ᠋ᠢᠨ)

4. 少花米口袋 *Gueldenstaedtia verna* （Georgi） Boriss.

别名：地丁、多花米口袋

豆科，米口袋属，多年生草本。生于沙质草原或石质草原。幼嫩时绵羊、山羊采食，结实后则乐意采食其莢果。药用植物。分布于阿日哈沙特镇、呼伦镇、达赉苏木、宝格德乌拉苏木。拍摄于阿日哈沙特镇东公路边。

ᠲᠣᠣᠷᠠᠢ (ᠨᠠᠷᠢᠨ ᠨᠠᠪᠴᠢᠲᠤ)

5. 狭叶米口袋 *Gueldenstaedtia stenophylla* Bunge

别名：地丁、甘肃米口袋

豆科，米口袋属，多年生草本。生于草地、沙地。药用植物。幼嫩时绵羊、山羊采食，结实后则乐意采食其莢果。分布于阿日哈沙特镇、阿拉坦额莫勒镇。拍摄于阿拉坦额莫勒镇西。

ᠰᠢᠷᠭᠡᠭ ᠸᠡᠭᠡᠷᠬᠡᠨᠦ᠋ (ᠰᠠᠷᠠᠨ᠎ᠠ ᠪᠤᠭᠤᠷᠤᠯ)

ᠪᠤᠷᠴᠠᠭᠤᠨᠤ᠋ ᠲᠦᠷᠦᠯ᠂ ᠰᠤᠷᠠᠯ ᠤ᠋ ᠰᠠᠷᠠᠨ᠎ᠠ ᠶ᠋ᠢᠨ ᠤᠪᠤᠭ ᠤ᠋ ᠤᠯᠠᠨ ᠨᠠᠰᠤᠳᠤ ᠡᠪᠡᠰᠦᠯᠢᠭ ᠤᠷᠭᠤᠮᠠᠯ ᠪᠤᠯᠤᠨ᠎ᠠ᠃ ᠠᠭᠤᠯᠠ ᠪᠤᠶᠤ ᠲᠤᠪᠤᠴᠠᠭ ᠤᠨ ᠬᠠᠶᠢᠷᠭᠤ ᠴᠢᠯᠠᠭᠤᠯᠢᠭ ᠡᠩᠭᠡᠷ ᠲᠦ᠍ ᠤᠷᠭᠤᠨ᠎ᠠ᠃

6. 线棘豆 *Oxytropis filiformis* DC.

豆科，棘豆属，多年生草本。生长于山地或丘陵砾石质坡地。分布于呼伦镇、克尔伦苏木、达赉苏木。拍摄于达赉苏木伊和双乌拉。

ᠶᠡᠭᠡ ᠴᠡᠴᠡᠭᠳᠦ᠍

ᠪᠤᠷᠴᠠᠭᠤᠨᠤ᠋ ᠲᠦᠷᠦᠯ᠂ ᠰᠤᠷᠠᠯ ᠤ᠋ ᠰᠠᠷᠠᠨ᠎ᠠ ᠶ᠋ᠢᠨ ᠤᠪᠤᠭ ᠤ᠋ ᠤᠯᠠᠨ ᠨᠠᠰᠤᠳᠤ ᠡᠪᠡᠰᠦᠯᠢᠭ ᠤᠷᠭᠤᠮᠠᠯ ᠪᠤᠯᠤᠨ᠎ᠠ᠃ ᠠᠭᠤᠯᠠ ᠶ᠋ᠢᠨ ᠬᠤᠯᠢᠮᠠᠭ ᠡᠪᠡᠰᠦ ᠪᠡᠷ ᠨᠤᠭᠤᠭᠠᠷᠠᠭᠰᠠᠨ ᠨᠤᠭᠤᠭᠠᠨ ᠲᠠᠯ᠎ᠠ ᠳ᠋ᠤ᠌ ᠤᠷᠭᠤᠨ᠎ᠠ᠃

7. 大花棘豆 *Oxytropis grandiflora*（Pall.）DC.

豆科，棘豆属，多年生草本。生于山地杂类草草甸草原。分布于呼伦镇。拍摄于呼伦镇都乌拉。

8. 薄叶棘豆 *Oxytropis leptophylla* (Pall.) DC.

别名：山泡泡、光棘豆、陀螺棘豆

豆科，棘豆属，多年生草本。生于砾石质和沙砾质草原群落中。分布于全旗各地。拍摄于呼伦镇都乌拉。

9. 黄毛棘豆 *Oxytropis ochrantha* Turcz.

别名：黄土毛棘豆、黄穗棘豆、长苞黄毛棘豆、异色黄毛棘豆

豆科，棘豆属，多年生草本。生于干山坡与干河谷沙地上、芨芨草草滩。分布于呼伦湖边。拍摄于呼伦湖边。

ᠣᠯᠠᠨ ᠨᠠᠪᠴᠢᠲᠤ ᠬᠣᠸ᠋ᠧᠩ

（ᠮᠣᠩᠭᠣᠯ ᠡᠮ ᠦᠨ ᠨᠡᠷ᠎ᠡ）

10. 多叶棘豆 *Oxytropis myriophylla*（Pall.）DC.

别名：狐尾藻棘豆、鸡翎草

豆科，棘豆属，多年生草本。生于丘陵顶部、山地砾石质地、沙质土壤上。药用植物。青鲜状态各种家畜均不采食，干枯后少许采食。分布于旗北部草原。拍摄于呼伦镇都乌拉。

ᠡᠯᠡᠰᠦ ᠦᠨ ᠬᠣᠸ᠋ᠧᠩ

（ᠮᠣᠩᠭᠣᠯ ᠡᠮ ᠦᠨ ᠨᠡᠷ᠎ᠡ）

11. 砂珍棘豆 *Oxytropis racemosa* Turcz.

别名：泡泡草、砂棘豆

豆科，棘豆属，多年生草本。生于沙丘、河岸沙地及沙质坡地。药用植物。绵羊、山羊采食少许。分布于宝格德乌拉苏木、克尔伦苏木、呼伦湖畔。拍摄于宝格德乌拉苏木根子东。

ᠴᠡᠴᠡᠭᠲᠦ
ᠪᠤᠳᠠᠭ᠎ᠠ

ᠤᠷᠭᠤᠮᠠᠯ ᠤ᠋ᠨ ᠦᠨᠳᠦᠰᠦ ᠨᠢ ᠮᠣᠳᠤᠯᠢᠭ ᠂
ᠨᠠᠮᠤᠬᠠᠨ ᠂ ᠨᠠᠮᠤᠬᠠᠨ ᠤᠷᠭᠤᠮᠠᠯ ᠂ ᠰᠠᠯᠠᠭᠠᠲᠠᠢ ᠃
ᠰᠠᠯᠠᠭ᠎ᠠ ᠨᠢ ᠨᠠᠮᠤᠬᠠᠨ ᠂ ᠨᠠᠮᠤᠬᠠᠨ ᠤ᠋ᠨ ᠃

12. 尖叶棘豆 *Oxytropis oxyphylla* (Pall.) DC.

别名：山棘豆、呼伦贝尔棘豆、海拉尔棘豆、光果海拉尔棘豆

豆科，棘豆属，多年生草本。生于沙质草原、石质丘陵坡地。分布于全旗各地。拍摄于呼伦镇都乌拉山下。

ᠬᠣᠶᠠᠷ
ᠦᠩᠭᠡᠲᠦ
ᠪᠤᠳᠠᠭ᠎ᠠ

ᠤᠷᠭᠤᠮᠠᠯ ᠤ᠋ᠨ ᠦᠨᠳᠦᠰᠦᠨ ᠤ᠋ ᠬᠦᠵᠦᠦ᠂ ᠨᠠᠮᠤᠬᠠᠨ ᠤ᠋ᠨ ᠤᠷᠭᠤᠮᠠᠯ ᠃ ᠤᠷᠭᠤᠮᠠᠯ ᠤ᠋ᠨ ᠬᠦᠵᠦᠦ ᠨᠢ ᠨᠠᠮᠤᠬᠠᠨ ᠂ ᠰᠠᠯᠠᠭᠠᠲᠠᠢ ᠃

13. 二色棘豆 *Oxytropis bicolor* Bunge

豆科，棘豆属，多年生草本。生于干山坡、沙质地、撂荒地。分布于呼伦镇。拍摄于呼伦镇都乌拉北。

ᠬᠠᠶᠢᠷᠠᠰᠤ ᠶᠢᠨ ᠨᠤᠭᠤᠭᠠ᠄᠄ ᠬᠠᠲᠠᠭᠤᠪᠲᠤᠷ ᠲᠤ ᠡᠪᠡᠰᠤᠨ᠂ ᠤᠯᠠᠨ ᠨᠠᠰᠤᠲᠤ ᠡᠪᠡᠰᠤᠯᠢᠭ ᠤᠷᠭᠤᠮᠠᠯ᠂ ᠴᠢᠯᠠᠭᠤᠯᠢᠭ ᠠᠭᠤᠯᠠ ᠶᠢᠨ ᠪᠡᠯ᠂ ᠳᠤᠪᠤᠴᠠᠭ ᠬᠥᠨᠳᠡᠢ ᠶᠢᠨ ᠰᠢᠷᠤᠢ ᠲᠠᠢ ᠭᠠᠵᠠᠷ ᠤᠷᠭᠤᠨ᠎ᠠ᠃

14. 鳞萼棘豆 *Oxytropis squammulosa* DC.

豆科，棘豆属，多年生草本。生于砾石质山坡与丘陵、沙砾质河谷阶地。分布于阿拉坦额莫勒镇、达赉苏木。拍摄于达赉苏木乌布格德乌拉北。

ᠱᠠᠭᠠᠵᠠᠭᠠᠢ ᠶᠢᠨ ᠨᠤᠭᠤᠭᠠ （ᠳᠤᠷᠠᠰᠢᠶᠠᠯᠲᠤ ᠡᠪᠡᠰᠤ）

ᠱᠠᠭᠠᠵᠠᠭᠠᠢ ᠶᠢᠨ ᠨᠤᠭᠤᠭᠠ᠄᠄ ᠬᠠᠲᠠᠭᠤᠪᠲᠤᠷ ᠲᠤ ᠡᠪᠡᠰᠤᠨ᠂ ᠤᠯᠠᠨ ᠨᠠᠰᠤᠲᠤ ᠡᠪᠡᠰᠤᠯᠢᠭ ᠤᠷᠭᠤᠮᠠᠯ᠃ ᠳᠤᠤᠷ᠎ᠠ ᠴᠢᠭᠢᠭᠯᠢᠭ ᠭᠠᠵᠠᠷ᠂ ᠨᠠᠭᠤᠷ ᠤᠨ ᠬᠦᠪᠡᠭᠡ ᠪᠡᠷ ᠤᠷᠭᠤᠨ᠎ᠠ᠃

15. 小花棘豆 *Oxytropis glabra* DC.

别名：醉马草、包头棘豆

豆科，棘豆属，多年生草本。生于低湿地、湖盆边缘。分布于阿拉坦额莫勒镇。拍摄于阿拉坦额莫勒镇南低湿地。

ᠨᠠᠪᠲᠠᠭᠠᠷ ᠥᠷᠭᠡᠰᠲᠦ

ᠪᠤᠷᠴᠠᠭ᠄᠄ ᠪᠤᠷᠴᠠᠭ ᠤᠨ ᠢᠵᠠᠭᠤᠷ᠂ ᠡᠪᠡᠰᠦ᠂ ᠣᠯᠠᠨ ᠵᠢᠯ ᠤᠨ ᠡᠪᠡᠰᠦᠯᠢᠭ ᠤᠷᠭᠤᠮᠠᠯ᠃ ᠨᠠᠭᠤᠷ ᠤᠨ ᠬᠥᠪᠡᠭᠡᠨ ᠤ ᠬᠠᠶᠢᠷ ᠴᠢᠯᠠᠭᠤᠯᠢᠭ ᠡᠷᠭᠢ ᠳᠤ ᠤᠷᠭᠤᠨ᠎ᠠ᠃

16. 平卧棘豆 *Oxytropis prostrata* (Pall.) DC.

豆科，棘豆属，多年生草本。生于湖边砾石质滩地。分布于呼伦湖边。拍摄于呼伦湖西边。

ᠬᠢᠲᠠᠳ ᠤᠨ ᠬᠤᠩᠬᠤ᠄

豆科，黄耆属，多年生草本。生于轻度盐碱地，沙砾地。药用植物。分布于阿拉坦额莫勒镇、宝格德乌拉苏木。拍摄于阿拉坦额莫勒镇伊和乌牙特。

17. 华黄耆 *Astragalus chinensis* L. f.

别名：地黄耆、忙牛花

ᠮᠣᠩᠭᠤᠯ ᠴᠡᠴᠡᠭ

18. 草木樨状黄耆 *Astragalus melilotoides* Pall.

别名：扫帚苗、层头、小马层子

豆科，黄耆属，多年生草本。生于典型草原及森林草原。药用还可保持水土。春季幼嫩时，羊、马、牛喜采食，骆驼四季均采食。分布于全旗各地。拍摄于荣达矿东公路边。

19. 细叶黄耆 *Astragalus tenuis* Turcz.

豆科，黄耆属，多年生草本。生于典型草原。绵羊、山羊只采食茎梢，其他家畜不喜食。分布于全旗各地。拍摄于贝尔苏木莫农塔拉。

20. 草原黄耆 *Astragalus dalaiensis* Kitag.

豆科，黄耆属，多年生草本。生于草原群落中。分布于呼伦湖附近。拍摄于呼伦湖西边。

21. 蒙古黄耆 *Astragalus mongholicus* Bunge

别名：黄耆、绵黄耆、内蒙黄耆

豆科，黄耆属，多年生草本。生于山地草原、灌丛、林缘、沟边。药用植物。分布于旗北部草原。拍摄于呼伦镇都乌拉西。

ᠮᠥᠩᠭᠥᠨ ᠬᠣᠰᠢᠶᠠ

（蒙古文）

22. 细弱黄耆 *Astragalus miniatus* Bunge

别名：红花黄耆、细茎黄耆

豆科，黄耆属，多年生草本。生于砾石质坡地及盐化低地。各种家畜均乐食，羊、马最喜食。分布于全旗各地。拍摄于克尔伦苏木呼乌拉西北。

（蒙古文）

23. 乳白花黄耆 *Astragalus galactites* Pall.

别名：白花黄耆

豆科，黄耆属，多年生草本。生于典型草原、荒漠草原群落中。绵羊、山羊春季喜食其花和嫩叶，马春、夏季均喜食。分布于全旗各地。拍摄于达赉苏木乌布格德乌拉北。

ᠣᠪᠣᠭᠠᠲᠤ
ᠬᠣᠩᠭᠣᠷ
ᠴᠠᠭᠠᠨ

ᠨᠣᠭᠣᠭ᠎ᠠ ᠶᠢᠨ ᠲᠥᠷᠦᠯ᠂ ᠣᠯᠠᠨ ᠨᠠᠰᠤᠲᠤ ᠡᠪᠡᠰᠦᠯᠢᠭ ᠤᠷᠭᠤᠮᠠᠯ᠃ ᠴᠢᠯᠠᠭᠤᠯᠢᠭ ᠪᠤᠶᠤ ᠡᠯᠡᠰᠦᠯᠢᠭ ᠭᠠᠵᠠᠷ᠂ ᠬᠠᠭᠤᠷᠠᠢ ᠭᠣᠣᠯ ᠤᠨ ᠬᠥᠨᠳᠡᠢ᠂ ᠠᠭᠤᠯᠠ ᠶᠢᠨ ᠬᠣᠷᠮᠣᠢ ᠳ᠋ᠤ ᠤᠷᠭᠤᠨ᠎ᠠ᠃

24. 卵果黄耆 *Astragalus grubovii* Sancz.

别名：新巴黄耆、拟糙叶黄耆、荒漠黄耆

豆科，黄耆属，多年生草本。生于砾质或沙砾质地、干河谷、山麓或湖盆边缘。分布于呼伦湖畔、克尔伦苏木。拍摄于呼伦湖西岸。

25. 斜茎黄耆 *Astragalus laxmannii* Jacq.

别名：直立黄耆、马拌肠

豆科，黄耆属，多年生草本。生于森林草原、典型草原、河滩草甸、灌丛和林缘。药用植物。开花前，牛、马、羊均乐食，开花后，适口性降低，骆驼冬季采食。分布于全旗各地。拍摄于呼伦湖西南。

ᠬᠠᠷᠠᠭᠠᠨ᠎ᠠ ᠬᠤᠸᠠᠩᠴᠢ

26. 糙叶黄耆 *Astragalus scaberrimus* Bunge

别名：春黄耆、掐不齐

豆科，黄耆属，多年生草本。生于山坡、草地和沙质地、草甸草原、林缘。分布于全旗各地。拍摄于阿拉坦额莫勒镇西南山坡。

ᠳᠠᠭᠤᠷ ᠬᠤᠸᠠᠩᠴᠢ

27. 达乌里黄耆 *Astragalus dahuricus*（Pall.）DC.

别名：驴干粮、兴安黄耆、野豆角花

豆科，黄耆属，一年生或二年生草本。生于草原化草甸、草甸草原、农田、撂荒地及沟渠边。分布于阿拉坦额莫勒镇、克尔伦苏木。拍摄于克尔伦苏木莫日斯格南。

ᠨᠠᠷᠢᠨ ᠨᠠᠪᠴᠢᠲᠤ ᠬᠠᠷᠠᠭᠠᠨ᠎ᠠ

28. 狭叶锦鸡儿 *Caragana stenophylla* Pojark.

别名：红柠条、羊柠角、红刺、柠角、小花矮锦鸡儿

豆科，锦鸡儿属，矮灌木。生于高平原、黄土丘陵、低山阳坡、干谷、沙地、沙砾质地、砾石质坡地。水土保持植物、绵羊、山羊均乐意采食其一年生枝条，骆驼一年四季均乐意采食其枝条。分布于全旗各地。拍摄于阿贵洞西山上。

ᠵᠢᠵᠢᠭ ᠨᠠᠪᠴᠢᠲᠤ ᠬᠠᠷᠠᠭᠠᠨ᠎ᠠ

29. 小叶锦鸡儿 *Caragana microphylla* Lam.

别名：柠条、连针、灰色小叶锦鸡儿、中间锦鸡儿

豆科，锦鸡儿属，灌木。生于高平原、平原、沙地、山地阳坡、黄土丘陵。药用植物。水土保持植物。绵羊、山羊及骆驼均乐意采食其嫩枝，尤其于春末喜食其花。有抓膘作用。马、牛不乐意采食。分布于全旗各地。拍摄于宝格德乌拉沙地。

ᠠᠭᠤᠯᠠ ᠶᠢᠨ ᠪᠤᠷᠴᠠᠭ

30. 山野豌豆　*Vicia amoena* Fisch. ex Seringe

别名：山黑豆、落豆秧、透骨草、狭叶山野豌豆、绢毛山野豌豆

豆科，野豌豆属，多年生草本。生于山地林缘、灌丛、草甸草原、沙地、溪边、丘陵低湿地。药用植物。茎叶柔嫩，各种牲畜均乐食。分布于呼伦镇、阿日哈沙特镇、达赉苏木。拍摄于达赉苏木毛盖图北。

ᠰᠢᠷᠭᠡᠭ ᠨᠠᠪᠴᠢᠲᠤ ᠲᠠᠷᠪᠠᠭᠠᠨ ᠰᠢᠭᠢᠷ ᠡᠪᠡᠰᠦ

31. 毛山黧豆　*Lathyrus palustris* L. var. *pilosus*（Cham.）Ledeb.

别名：柔毛山黧豆

豆科，山黧豆属，多年生草本。生于沼泽化草甸、山地林缘草甸、沟谷草甸。分布于克尔伦河边。拍摄于克尔伦河边。

ᠡᠮ ᠤᠨ
ᠤᠷᠭᠤᠮᠠᠯ ᠃

32. 野火球 *Trifolium lupinaster* L.

别名：野车轴草、白花野火球

豆科，车轴草属，多年生草本。生于林缘草甸、草甸草原、山地灌丛及沼泽化草甸。药用植物。青嫩时为各种家畜所喜食。分布于达赉苏木。拍摄于达赉苏木巴嘎双乌拉东。

33. 天蓝苜蓿 *Medicago lupulina* L.

别名：黑荚苜蓿

豆科，苜蓿属，一年生或二年生草本。多生于微碱性草甸、沙质草原、田边、路旁等处。药用植物。分布于阿拉坦额莫勒镇、阿日哈沙特镇、呼伦湖沿岸。拍摄于阿拉坦额莫勒镇克尔伦桥东。

ᠬᠦᠢᠯᠦᠰᠦᠲᠦ ᠴᠠᠭᠠᠨ ᠡᠪᠡᠰᠦ ᠨᠢ ᠬᠦᠢᠰᠦ ᠶᠢᠨ ᠦᠶ᠎ᠡ ᠶᠢᠨ ᠡᠪᠡᠰᠦ ᠪᠣᠯᠤᠨ᠎ᠠ᠃ ᠭᠣᠣᠯ ᠮᠥᠷᠡᠨ ᠤ ᠬᠥᠪᠡᠭᠡᠨ ᠤ ᠡᠷᠬᠢ ᠭᠣᠣᠷᠬᠠᠢ ᠲᠠᠯ᠎ᠠ ᠶᠢᠨ ᠨᠠᠮᠤᠭ ᠴᠢᠬᠢᠭ᠍ᠲᠡᠢ ᠭᠠᠵᠠᠷ ᠤᠷᠭᠤᠨ᠎ᠠ᠃ ᠡᠮ ᠤᠨ ᠤᠷᠭᠤᠮᠠᠯ᠃ ᠰᠢᠮ᠎ᠡ ᠲᠡᠵᠢᠭᠡᠯ ᠡᠯᠪᠡᠭ᠂ ᠢᠳᠡᠰᠢ ᠰᠠᠶᠢᠲᠠᠢ᠂ ᠠᠳᠤᠭᠤ ᠮᠠᠯ ᠪᠦᠬᠦᠨ ᠳᠤᠷᠠᠲᠠᠢ ᠢᠳᠡᠨ᠎ᠡ᠃ ᠠᠯᠲᠠᠨ ᠡᠮᠦᠯᠢ ᠪᠠᠯᠭᠠᠰᠤ᠂ ᠬᠡᠷᠦᠯᠦᠨ ᠰᠤᠮᠤ᠂ ᠬᠥᠯᠥᠨ ᠨᠠᠭᠤᠷ ᠤᠨ ᠣᠢᠷᠠᠯᠴᠠᠭ᠎ᠠ ᠲᠠᠷᠬᠠᠨ᠎ᠠ᠃ ᠬᠥᠯᠥᠨ ᠨᠠᠭᠤᠷ ᠤᠨ ᠥᠷᠥᠨ᠎ᠡ ᠡᠷᠬᠢ ᠠᠴᠠ ᠭᠡᠷᠡᠯ ᠵᠢᠷᠤᠭ ᠢ ᠠᠪᠤᠪᠠ᠃

34. 黄花苜蓿 *Medicago falcata* L.

别名：野苜蓿 镰荚苜蓿

豆科，苜蓿属，多年生草本。生于河滩、沟谷等低湿生境中。药用植物。营养丰富，适口性好，各种家畜均喜食。分布于阿拉坦额莫勒镇、克尔伦苏木、呼伦湖附近。拍摄于呼伦湖西岸。

ᠬᠦᠵᠦᠭᠦᠷ ᠬᠥᠬᠡ ᠡᠪᠡᠰᠦ ᠨᠢ ᠬᠦᠵᠦᠭᠦᠷ ᠤᠨ ᠬᠥᠬᠡ ᠶᠢᠨ ᠤᠷᠤᠭ ᠤᠨ ᠨᠢᠭᠡ ᠵᠢᠯ ᠪᠤᠶᠤ ᠬᠣᠶᠠᠷ ᠵᠢᠯ ᠤᠨ ᠡᠪᠡᠰᠦ ᠪᠣᠯᠤᠨ᠎ᠠ᠃ ᠭᠣᠣᠯ ᠮᠥᠷᠡᠨ ᠤ ᠬᠥᠪᠡᠭᠡ᠂ ᠭᠣᠣᠷᠬᠠᠢ ᠲᠠᠯ᠎ᠠ᠂ ᠨᠠᠭᠤᠷ ᠤᠨ ᠬᠣᠳᠢᠯ ᠭᠠᠵᠠᠷ ᠤᠨ ᠨᠠᠮᠤᠭ ᠴᠢᠬᠢᠭ᠍ᠲᠡᠢ ᠭᠠᠵᠠᠷ ᠤᠷᠭᠤᠨ᠎ᠠ᠃ ᠡᠮ ᠤᠨ ᠤᠷᠭᠤᠮᠠᠯ᠃ ᠵᠥᠭᠡᠯᠡᠨ ᠵᠠᠯᠠᠭᠤ ᠦᠶ᠎ᠡ ᠳᠡᠭᠡᠨ ᠠᠳᠤᠭᠤ ᠮᠠᠯ ᠪᠦᠬᠦᠨ ᠳᠤᠷᠠᠲᠠᠢ ᠢᠳᠡᠨ᠎ᠡ᠃

35. 草木樨 *Melilotus officinalis* (L.) Lam.

别名：黄花草木樨、马层子、臭苜蓿

豆科，草木樨属，一年或二年生草本。多逸生于河滩、沟谷、湖盆洼地等低湿生境中。药用植物。幼嫩时为各种家畜所喜食。分布于阿拉坦额莫勒镇、呼伦湖沿岸、克尔伦河河滩草甸。拍摄于呼伦湖西南。

ᠬᠣᠨᠣᠭ ᠤᠨ ᠴᠠᠭᠠᠨ

36. 细齿草木樨 *Melilotus dentatus*（Wald. et Kit.）Pers.

别名：马层、臭苜蓿

豆科，草木樨属，二年生草本。生于低湿草地、路旁、滩地等生境中。药用植物。分布于阿拉坦额莫勒镇、阿日哈沙特镇公路旁。拍摄于阿拉坦额莫勒镇加油站北。

37. 白花草木樨 *Melilotus albus* Medik.

别名：白香草木樨

豆科，草木樨属，一年或二年生草本。生于路边、沟旁、盐碱地及草甸。药用植物。分布于宝格德乌拉苏木、阿日哈沙特镇公路边。拍摄于阿日哈沙特镇东公路边。

ᠡᠪᠡᠰᠦ ᠢᠷᠢᠭᠡᠯᠵᠢᠨ

38. 扁蓿豆 *Melilotoides ruthenica*（L.）Sojak

别名：花苜蓿、野苜蓿、细叶扁蓿豆

豆科，扁蓿豆属，多年生草本。生于丘陵坡地、山坡、林缘、路旁、沙质地、固定或半固定沙地。各种家畜一年四季均喜食。又为水土保持植物。分布于全旗各地。拍摄于呼伦镇东路旁。

39. 华北岩黄耆 *Hedysarum gmelinii* Ledeb.

别名：刺岩黄耆、矮岩黄耆、窄叶华北岩黄耆

豆科，岩黄耆属，多年生草本。生于山地、石质或砾石质坡地。分布于旗北部草原。拍摄于成吉思汗边堡北新巴日力嘎东。

ᠠᠭᠤᠯᠠ ᠶᠢᠨ ᠰᠢᠷᠠᠪᠲᠤᠷ

40. 山岩黄耆 *Hedysarum alpinum* L.

豆科，岩黄耆属，多年生草本。生于山地林间草甸、林缘草甸、山地灌丛、河谷草甸。水土保持植物。分布于呼伦镇。拍摄于呼伦镇都乌拉东。

ᠪᠤᠷᠭᠠᠰᠤ

41. 山竹子 *Corethrodendron fruticosum* (Pall.) B. H. Choi et H. Ohashi

别名：山竹岩黄耆、蒙古岩黄耆

豆科，山竹子属，半灌木或小灌木。生于沙丘、沙地及戈壁红土断层冲刷沟沿砾石质地。水土保持植物。青鲜时绵羊、山羊采食其枝叶，骆驼也采食。分布于宝格德乌拉苏木。拍摄于宝格德乌拉沙地。

ᠮᠣᠩᠭᠣᠯ

42. 达乌里胡枝子 *Lespedeza davurica* (Laxm.) Schindl.

别名：牤牛茶、牛枝子、无梗达乌里胡枝子

豆科，胡枝子属，多年生草本。生于干山坡、丘陵坡地、沙地、草原。药用植物。幼嫩枝条为各种家畜所乐食，但开花后可食性降低。分布于全旗各地。拍摄于阿拉坦额莫勒镇额尔敦乌拉。

43. 牛枝子 *Lespedeza potaninii* V. N. Vassil.

别名：牛筋子

豆科，胡枝子属，多年生草本。生长在砾石质丘陵坡地、干燥沙质地。分布于克尔伦苏木。拍摄于克尔伦苏木乌珠日山达。

44. 尖叶胡枝子 *Lespedeza juncea* (L. f.) Pers.

别名：尖叶铁扫帚、铁扫帚、黄蒿子

豆科，胡枝子属，草本状半灌木。生于丘陵坡地、干山坡。幼嫩时，牛、马、羊均乐食，可作水土保持植物。分布于呼伦镇。拍摄于呼伦镇都乌拉东。

十八、牻牛儿苗科 Geraniaceae

1. 牻[máng]牛儿苗 *Erodium stephanianum* Willd.

别名：太阳花

牻牛儿苗科，牻牛儿苗属，一年生或二年生草本。生于山坡、干草地、河岸、沙质草原、沙丘、田间、路旁。药用植物。分布于全旗各地。拍摄于阿拉坦额莫勒镇额尔敦乌拉。

2. 草地老鹳草 *Geranium pratense* L.

别名：草甸老鹳草、草原老鹳草、大花老鹳草

牻牛儿苗科，老鹳草属，多年生草本。生于山地林下、林缘草甸、灌丛、草甸、河边湿地。分布于呼伦镇、阿日哈沙特镇、达赉苏木。拍摄于达赉苏木扎哈音温都日南。

3. 灰背老鹳草 *Geranium wlassowianum* Fisch. ex Link

牻牛儿苗科，老鹳草属，多年生草本。生于山地林下、沼泽草甸、河岸湿地。分布于呼伦镇。拍摄于呼伦镇都乌拉东。

ᠪᠠᠷᠤᠨ ᠬᠤᠰᠢᠭᠤ᠄

ᠡᠪᠡᠰᠤ᠄᠄ ᠬᠤᠯᠤᠨ ᠪᠤᠢᠷ ᠶᠢᠨ ᠤᠷᠤᠨ ᠤ ᠡᠮ ᠤᠨ ᠡᠪᠡᠰᠤ ᠵᠢᠮᠢᠰ ᠶᠢᠨ ᠵᠦᠢᠯ ᠤᠨ ᠤᠷᠭᠤᠮᠠᠯ ᠂ ᠤᠯᠠᠨ ᠵᠢᠯ ᠤᠨ ᠡᠪᠡᠰᠤᠯᠢᠭ ᠤᠷᠭᠤᠮᠠᠯ ᠂ ᠬᠤᠯᠤᠨ ᠪᠠᠯᠭᠠᠰᠤ ᠂ ᠳᠠᠯᠠᠢ ᠰᠤᠮᠤ ᠂ ᠤᠷᠤᠨ ᠤ ᠤᠢᠷ᠎ᠠ ᠬᠠᠪᠢ ᠳᠤ ᠤᠷᠭᠤᠨ᠎ᠠ᠃

4. 鼠掌老鹳草 *Geranium sibiricum* L.

别名：鼠掌草

牻牛儿苗科，老鹳草属，多年生草本。生于居民点附近及河滩湿地、沟谷、林缘、山坡草地。药用植物。分布于呼伦镇、达赉苏木、乌尔逊河边。拍摄于呼伦镇都乌拉东居民点。

ᠰᠢᠷᠡᠭᠡᠢ᠄ ᠬᠠᠪᠢ ᠳᠤ ᠤᠷᠭᠤᠨ᠎ᠠ᠃ ᠬᠦᠯᠦᠨ ᠰᠤᠮᠤ ᠂ ᠪᠡᠭᠡᠷ ᠰᠤᠮᠤ ᠳᠤ ᠤᠷᠭᠤᠨ᠎ᠠ᠃ ᠬᠦᠯᠦᠨ ᠰᠤᠮᠤ ᠶᠢᠨ ᠤᠯᠠᠨ ᠵᠢᠯ ᠤᠨ ᠡᠪᠡᠰᠤᠯᠢᠭ ᠤᠷᠭᠤᠮᠠᠯ ᠂ ᠡᠯᠡᠰᠤ ᠰᠢᠷᠤᠢᠲᠤ ᠭᠠᠵᠠᠷ ᠬᠠᠳᠠᠨ ᠳᠤ ᠤᠷᠭᠤᠨ᠎ᠠ᠃

十九、亚麻科 Linaceae

宿根亚麻 *Linum perenne* L.

亚麻科，亚麻属，多年生草本。生于沙砾质地、山坡。分布于克尔伦苏木、贝尔苏木。拍摄于克尔伦苏木温都尔陶勒盖。

ᠬᠠᠷ᠎ᠠ ᠡᠷᠭᠡᠨ᠎ᠡ ᠶᠢᠨ ᠵᠢᠮᠢᠰ

二十、白刺科 Nitrariaceae

小果白刺 *Nitraria sibirica* Pall.

别名：西伯利亚白刺、哈莫儿

白刺科，白刺属，灌木。生于轻度盐渍化低地、湖盆边缘、干河床边。药用植物。能固沙。分布于阿拉坦额莫勒镇、克尔伦河以南草原。拍摄于克尔伦苏木呼乌拉北。

ᠬᠣᠨᠵᠢᠨ ᠰᠡᠷᠭᠡ

二十一、蒺藜科 Zygophyllaceae

蒺藜 *Tribulus terrestris* L.

蒺藜科，蒺藜属，一年生草本。生于荒地、山坡、路旁、田间、居民点附近。青鲜时做饲料，药用植物。分布于克尔伦河以南草原。拍摄于贝尔苏木布达图北路旁。

ᠬᠡᠭᠡᠷ᠎ᠡ ᠶᠢᠨ ᠡᠪᠡᠰᠦ

二十二、芸香科 Rutaceae

1. 北芸香 *Haplophyllum dauricum* (L.) G. Don

别名：假芸香、单叶芸香、草芸香

芸香科，拟芸香属，多年生草本。生于森林草原、典型草原、荒漠草原及荒漠带的山地。青鲜时为各种家畜所乐食，秋季为羊和骆驼所喜食，有抓膘作用。分布于全旗各地。拍摄于贝尔苏木莫农塔拉。

ᠴᠠᠭᠠᠨ ᠬᠤᠸᠠᠷ

2. 白鲜 *Dictamnus dasycarpus* Turcz.

别名：八股牛、好汉拔、山牡丹

芸香科，白鲜属，多年生草本。生于山坡林缘、灌丛、草甸。分布于呼伦镇。拍摄于呼伦镇都乌拉东。

ᠮᠠᠷᠠᠯ
ᠡᠪᠡᠰᠦ

ᠮᠠᠷᠠᠯ ᠡᠪᠡᠰᠦ ᠄ ᠤᠯᠠᠨ ᠨᠠᠰᠤᠲᠤ ᠡᠪᠡᠰᠦᠯᠢᠭ ᠤᠷᠭᠤᠮᠠᠯ ᠃ ᠠᠭᠤᠯᠠ ᠶᠢᠨ ᠡᠩᠭᠡᠷ ᠂ ᠨᠤᠭᠤ ᠭᠠᠵᠠᠷ ᠂ ᠤᠢ ᠶᠢᠨ ᠵᠠᠬ᠎ᠠ ᠂ ᠪᠤᠲᠠᠯᠢᠭ ᠳᠤ ᠤᠷᠭᠤᠨ᠎ᠠ ᠃ ᠡᠮ ᠦᠨ ᠤᠷᠭᠤᠮᠠᠯ ᠃

二十三、远志科 Polygalaceae

细叶远志 *Polygala tenuifolia* willd.

别名：远志、小草

远志科，远志属，多年生草本。生于山坡、草地、林缘、灌丛。药用植物。分布于全旗各地。拍摄于达赉苏木乌布格德乌拉山坡。

ᠦᠬᠡᠷ
ᠰᠦ᠋ᠨ

ᠦᠬᠡᠷ ᠰᠦ᠋ᠨ ᠄ ᠤᠯᠠᠨ ᠨᠠᠰᠤᠲᠤ ᠡᠪᠡᠰᠦᠯᠢᠭ ᠤᠷᠭᠤᠮᠠᠯ ᠃ ᠬᠡᠭᠡᠷ᠎ᠡ ᠲᠠᠯ᠎ᠠ ᠂ ᠠᠭᠤᠯᠠ ᠶᠢᠨ ᠡᠩᠭᠡᠷ ᠂ ᠬᠠᠭᠤᠷᠠᠢ ᠡᠯᠡᠰᠦᠷᠬᠡᠭ ᠭᠠᠵᠠᠷ ᠂ ᠴᠢᠯᠠᠭᠤᠷᠬᠠᠭ ᠡᠩᠭᠡᠷ ᠂ ᠵᠠᠮ ᠦᠨ ᠬᠠᠵᠠᠭᠤ ᠪᠠᠷ ᠤᠷᠭᠤᠨ᠎ᠠ ᠃ ᠡᠮ ᠦᠨ ᠤᠷᠭᠤᠮᠠᠯ ᠃

二十四、大戟科 Euphorbiaceae

1. 乳浆大戟 *Euphorbia esula* L.

别名：猫儿眼、烂疤眼、松叶乳浆大戟

大戟科，大戟属，多年生草本。生于草原、山坡、干燥沙质地、石质坡地、路旁。药用植物。分布于全旗各地。拍摄于贝尔苏木莫农塔拉。

ᠬᠣᠷᠣᠳᠠᠨ ᠡᠪᠡᠰᠦ

ᠲᠠᠶᠢᠯᠪᠤᠷᠢ᠄

2. 钩腺大戟 *Euphorbia sieboldiana* C. Morr. et Decne

别名：锥腺大戟

大戟科，大戟属，多年生草本。生于山地林下、杂灌木丛中。分布于呼伦镇。拍摄于呼伦镇都乌拉。

ᠲᠠᠷᠠᠭᠠᠨ ᠡᠪᠡᠰᠦ

3. 地锦 *Euphorbia humifusa* Willd.

别名：铺地锦、铺地红、红头绳

大戟科，大戟属，一年生草本。生于田野、路旁、河滩及固定沙地。药用植物。分布于全旗各地。拍摄于阿拉坦额莫勒镇西南路旁。

ᠣᠩᠭᠣᠴᠠ ᠴᠡᠴᠡᠭᠲᠦ （ᠤᠢᠯᠠᠨ ᠴᠡᠴᠡᠭ）

ᠲᠡᠷᠡ ᠨᠢ ᠠᠷᠠᠰᠤᠯᠢᠭ ᠤ᠋ᠨ ᠬᠡ ᠦᠭᠡᠢ ᠂ ᠤᠷᠤᠭ ᠠ᠋ᠨ ᠤ᠋ᠨ ᠴᠡᠴᠡᠭᠲᠦ ᠡᠪᠡᠰᠦ ᠪᠣᠯᠤᠨ᠎ᠠ ᠃ ᠲᠠᠯ᠎ᠠ ᠂ ᠵᠠᠮ ᠤ᠋ᠨ ᠬᠠᠵᠠᠭᠤ ᠂ ᠲᠣᠰᠬᠤᠨ ᠤ᠋ ᠬᠠᠵᠠᠭᠤ ᠂ ᠠᠭᠤᠯᠠ ᠵᠢ᠋ᠨ ᠬᠥᠨᠳᠡᠢ ᠵᠡᠷᠭᠡ ᠭᠠᠵᠠᠷ ᠲᠤ᠌ ᠤᠷᠭᠤᠨ᠎ᠠ ᠃

二十五、锦葵科 Malvaceae

1. 野西瓜苗 *Hibiscus trionum* L.

别名：和尚头、香铃草

锦葵科，木槿属，一年生草本。生于田野、路旁、村边、山谷等处。药用植物。分布于全旗各地。拍摄于达赉苏木木盖特西路旁。

ᠵᠢᠮᠢᠰᠲᠦ ᠪᠤᠷᠴᠠᠭ

ᠲᠡᠷᠡ ᠨᠢ ᠠᠷᠠᠰᠤᠯᠢᠭ ᠤ᠋ᠨ ᠬᠡ ᠤᠷᠤᠭ ᠤ᠋ᠨ ᠴᠡᠴᠡᠭᠲᠦ ᠡᠪᠡᠰᠦ ᠪᠣᠯᠤᠨ᠎ᠠ ᠃ ᠲᠠᠯ᠎ᠠ ᠂ ᠵᠠᠮ ᠤ᠋ᠨ ᠬᠠᠵᠠᠭᠤ ᠂ ᠲᠣᠰᠬᠤᠨ ᠤ᠋ ᠬᠠᠵᠠᠭᠤ ᠂ ᠠᠭᠤᠯᠠ ᠵᠢ᠋ᠨ ᠬᠠᠵᠠᠭᠤ ᠵᠡᠷᠭᠡ ᠭᠠᠵᠠᠷ ᠲᠤ᠌ ᠤᠷᠭᠤᠨ᠎ᠠ ᠃

2. 野葵 *Malva verticillata* L.

别名：菟葵、冬苋菜

锦葵科，锦葵属，一年生草本。生于田野、路旁、村边、山坡。药用植物。嫩叶可食用。分布于阿日哈沙特镇、阿拉坦额莫勒镇、贝尔苏木。拍摄于阿拉坦额莫勒镇西庙田边。

ᠬᠥᠪᠥᠩ ᠤᠨ ᠤᠷᠭᠤᠮᠠᠯ ᠃

ᠭᠠᠩᠭᠠ ᠵᠢ ᠦᠨ ᠤᠷᠤᠰᠬᠠᠯ ᠃ ᠠᠷᠠᠯᠲᠠᠨ ᠡᠮᠦᠯ ᠪᠠᠯᠭᠠᠰᠤᠨ ᠤ ᠤᠮᠠᠷᠠᠳᠤ ᠵᠠᠮ ᠤᠨ ᠬᠠᠵᠠᠭᠤ ᠪᠠᠷ ᠳᠠᠷᠤᠭᠰᠠᠨ ᠃

3. 苘 [qǐng] 麻 *Abutilon theophrasti* Medik.

别名：青麻、白麻、车轮草

锦葵科，苘麻属，一年生亚灌木状草本。生于田野、路旁、荒地和河岸等处。分布于阿拉坦额莫勒镇、克尔伦河岸。拍摄于阿拉坦额莫勒镇北路旁。

ᠰᠠᠭᠠᠯᠵᠠᠭᠤᠷ ᠤ ᠤᠷᠭᠤᠮᠠᠯ ᠃

二十六、柽柳科 Tamaricaceae

红砂 *Reaumuria songarica* (Pall.) Maxim.

别名：枇杷柴、红虱

柽柳科，红砂属，小灌木。生于砾质戈壁、盐渍低地、干河床。药用植物。秋季为羊和骆驼所喜食。分布于贝尔苏木、克尔伦苏木、宝格德乌拉苏木、阿拉坦额莫勒镇、阿日哈沙特镇。拍摄于克尔伦苏木呼乌拉北。

ᠳᠠᠷᠬᠠᠨ ᠤ᠋ ᠮᠤᠵᠢ ᠶᠢᠨ ᠨᠤᠲᠤᠭ ᠤ᠋ᠨ ᠴᠡᠴᠡᠷᠯᠢᠭ ᠂ ᠪᠠᠶᠢᠷᠢ ᠶᠢᠨ ᠡᠮ ᠦᠨ ᠤᠷᠭᠤᠮᠠᠯ ᠂ ᠦᠵᠡᠮᠵᠢ ᠶᠢᠨ ᠤᠷᠭᠤᠮᠠᠯ ᠃

ᠬᠦᠷᠢᠨ ᠪᠠᠯᠭᠠᠰᠤᠨ ᠤ᠋ ᠳᠤᠷᠤᠯᠠ ᠠᠭᠤᠯᠠ ᠶᠢᠨ ᠡᠩᠭᠡᠷ ᠲᠦ ᠵᠢᠷᠤᠭᠯᠠᠪᠠ ᠃

二十七、瑞香科 Thymelaeaceae

狼毒 *Stellera chamaejasme* L.

别名：断肠草、小狼毒、红火柴头花、棉大戟

瑞香科，狼毒属，多年生草本。广泛分布于草原区。药用植物。观赏植物。分布于全旗各地。拍摄于呼伦镇都乌拉山下。

ᠴᠢᠭᠢᠭ ᠳᠤᠤᠷ᠎ᠠ ᠭᠠᠵᠠᠷ ᠂ ᠨᠠᠮᠤᠭ ᠲᠤ ᠤᠷᠭᠤᠨ᠎ᠠ ᠃ ᠡᠮ ᠦᠨ ᠤᠷᠭᠤᠮᠠᠯ ᠃ ᠠᠯᠲᠠᠨ ᠡᠮᠦᠯ ᠪᠠᠯᠭᠠᠰᠤᠨ ᠳᠤ ᠲᠠᠷᠬᠠᠨ᠎ᠠ ᠃ ᠠᠯᠲᠠᠨ ᠡᠮᠦᠯ ᠪᠠᠯᠭᠠᠰᠤᠨ ᠤ᠋ ᠤᠮᠠᠷᠠᠰᠢ ᠵᠢᠷᠤᠭᠯᠠᠪᠠ ᠃

二十八、千屈菜科 Lythraceae

千屈菜 *Lythrum salicaria* L.

千屈菜科，千屈菜属，多年生草本。生于河边、下湿地、沼泽。药用植物。分布于阿拉坦额莫勒镇。拍摄于阿拉坦额莫勒镇北。

二十九、柳叶菜科 Onagraceae（Oenotheraceae）

1. 柳兰 *Epilobium angustifolium* L.

柳叶菜科，柳叶菜属，多年生草本。生于山地林缘、森林采伐迹地、丘陵阴坡、路旁。药用植物。观赏植物。分布于呼伦镇北边防线防火道内。拍摄于呼伦镇北新巴日力嘎东。

2. 沼生柳叶菜 *Epilobium palustre* L.

别名：沼泽柳叶菜、水湿柳叶菜

柳叶菜科，柳叶菜属，多年生草本。生于山沟溪边、河边、沼泽草甸中。药用植物。分布于阿日哈沙特镇阿贵洞。拍摄于阿贵洞。

ᠮᠣᠩᠭᠣᠯ ᠪᠢᠴᠢᠭ

三十、小二仙草科 Haloragaceae

1. 狐尾藻 Myriophllum spicatum L.

别名：穗状狐尾藻

小二仙草科，狐尾藻属，多年生水生草本。生于池塘、河边浅水中。分布于乌兰泡、贝尔湖。拍摄于贝尔湖。

2. 轮叶狐尾藻 *Myriophllum verticillatum* L.

别名：狐尾藻

小二仙草科，狐尾藻属，多年生水生草本。生于池塘、河边浅水中。分布于乌兰泡。拍摄于乌兰泡。

第三章 被子植物

三十一、杉叶藻科 Hippuridaceae

杉叶藻 *Hippuris vulgaris* L.

别名：螺旋杉叶藻、分枝杉叶藻

杉叶藻科，杉叶藻属，多年生草本。生于池塘浅水中、河岸湿地。药用植物。分布于乌尔逊河边。拍摄于乌尔逊河。

三十二、伞形科 Umbelliferae

1. 锥叶柴胡 *Bupleurum bicaule* Helm

伞形科，柴胡属，多年生草本。生于山地石质坡地。药用植物。茎叶青鲜时羊喜食。分布于呼伦镇、宝格德乌拉苏木。拍摄于宝格德乌拉山。

ᠮᠠᠩᠬᠠᠨ ᠴᠠᠭᠠᠨ ᠪᠤᠯᠠᠭ

ᠵᠡᠭᠡ᠄᠄ ᠡᠳᠡᠭᠡᠷ ᠪᠤᠳᠠᠰ ᠤᠨ ᠸ ᠲᠡᠷ ᠵᠢᠨ ᠲᠡ ᠬᠠᠷᠠᠭᠤᠯᠤᠭᠰᠠᠨ ᠴᠤ᠄᠄ ᠡᠭᠦᠯᠡᠮᠡᠯ ᠮᠤᠨᠢ ᠳᠤ ᠪᠤᠳᠠᠰ ᠤᠨ ᠵᠡᠭᠡᠷ ᠵᠢᠨ ᠲᠡ᠄᠄ ᠡᠭᠦᠯᠡᠮᠡᠯ ᠭᠤᠶᠤ ᠂ ᠴᠡᠴᠡᠭᠯᠡᠬᠦ ᠵᠢᠨ ᠦᠶ ᠳᠡ ᠠᠳᠠᠯᠢ ᠪᠤᠰᠤ ᠲᠠᠷᠢᠶᠠᠯᠠᠩ ᠤᠨ ᠮᠠᠯ ᠳᠤ ᠢᠳᠡᠭᠳᠡᠬᠦ ᠳᠤᠷᠠᠲᠠᠢ᠄᠄ ᠪᠦᠬᠦ ᠬᠤᠰᠢᠭᠤᠨ ᠤ ᠭᠠᠵᠠᠷ ᠪᠦᠷᠢ ᠳᠤ ᠲᠠᠷᠬᠠᠨ᠎ᠠ᠄᠄

2. 红柴胡 *Bupleurum scorzonerifolium* Willd.

别名：狭叶柴胡、软柴胡

伞形科，柴胡属，多年生草本。生于草甸草原、典型草原、固定沙丘、山地灌丛。药用植物。青鲜时为各种牲畜所喜食。分布于全旗各地。拍摄于贝尔苏木莫农塔拉。

ᠤᠰᠤᠨ ᠤ ᠵᠢᠷᠭᠠᠢ

ᠵᠡᠭᠡᠷ ᠤᠨ ᠢᠵᠠᠭᠤᠷ ᠤᠨ ᠪᠤᠳᠠᠰ ᠤᠨ ᠸ᠄᠄ ᠡᠭᠦᠯᠡᠮᠡᠯ ᠵᠢᠨ ᠬᠠᠷᠠᠭᠤᠯᠤᠭᠰᠠᠨ᠄᠄ ᠡᠭᠦᠯᠡᠮᠡᠯ ᠮᠤᠨᠢ ᠳᠤ ᠂ ᠴᠦᠭᠦᠷᠦᠮ ᠤᠨ ᠵᠠᠬᠠ ᠂ ᠴᠦᠭᠦᠷᠦᠮ ᠤᠨ ᠨᠤᠭᠤᠭᠠᠨ ᠳᠤ ᠤᠷᠭᠤᠨ᠎ᠠ᠄᠄ ᠡᠮ ᠤᠨ ᠪᠤᠳᠠᠰ᠄᠄ ᠠᠷᠢ ᠬᠠᠱᠠᠲᠤ ᠪᠠᠯᠭᠠᠰᠤ ᠂ ᠦᠷᠦᠰᠤᠨ ᠭᠤᠤᠯ ᠤᠨ ᠬᠦᠪᠡᠭᠡ ᠪᠡᠷ ᠲᠠᠷᠬᠠᠨ᠎ᠠ᠄᠄

3. 泽芹 *Sium suave* Walt.

伞形科，泽芹属，多年生草本。生于沼泽、池沼边、沼泽草甸。药用植物。分布于阿日哈沙特镇、乌尔逊河沿岸。拍摄于乌尔逊河边。

4. 毒芹 *Cicuta virosa* L.

别名：芹叶钩吻

伞形科，毒芹属，多年生草本。生于河边、沼泽、沼泽草甸和林缘草甸。药用植物。分布于阿日哈沙特镇、克尔伦苏木、乌尔逊河沿岸。拍摄于克尔伦苏木固日班尼阿日山。

5. 防风 *Saposhnikovia divaricata* (Turcz.) Schischk.

别名：关防风、北防风、旁风

伞形科，防风属，多年生草本。生于高平原、丘陵坡地、固定沙丘。药用植物。青鲜时骆驼乐食，别种牲畜不喜食。分布于全旗各地。拍摄于宝格德乌拉苏木根子东。

ᠪᠤᠷᠭᠠᠰᠤᠨ ᠲᠤᠷᠤᠭᠤ

ᠲᠤᠷᠤᠭᠤ ᠪᠠᠷ ᠲᠠᠷᠢᠨ᠎ᠠ᠃᠃ ᠭᠤᠪᠢ ᠶᠢᠨ ᠭᠠᠵᠠᠷ ᠤᠨ
ᠡᠯᠡᠰᠦᠨ ᠳᠦ ᠤᠷᠭᠤᠨ᠎ᠠ᠃᠃ ᠮᠠᠯ ᠤᠨ ᠰᠢᠮ᠎ᠡ ᠲᠡᠵᠢᠭᠡᠯ ᠦᠨ
ᠡᠪᠡᠰᠦ᠃ ᠵᠤᠨ ᠤ ᠤᠯᠠᠷᠢᠯ ᠳᠤ ᠴᠡᠴᠡᠭᠯᠡᠨ᠎ᠡ᠃ ᠠᠷᠤ
ᠬᠠᠩᠭᠠᠢ ᠶᠢᠨ ᠬᠠᠵᠠᠭᠤ ᠪᠠᠷ ᠤᠷᠭᠤᠨ᠎ᠠ᠃ ᠬᠠᠨᠬᠤᠬᠤᠳ
ᠡᠯᠡᠰᠦ ᠳᠦ ᠤᠷᠭᠤᠨ᠎ᠠ᠃

6. 兴安蛇床 *Cnidium dahuricum* (Jacq.) Fesch. et C. A. Mey.

别名：山胡萝卜

伞形科，蛇床属，二年生或多年生草本。生于山坡林缘、河边草甸。分布于克尔伦苏木浩日海廷阿尔山泉水边、阿日哈沙特镇阿贵洞。拍摄于阿贵洞。

ᠪᠤᠷᠭᠠᠰᠤᠨ ᠲᠤᠷᠤᠭᠤ

ᠲᠤᠷᠤᠭᠤ ᠪᠠᠷ ᠲᠠᠷᠢᠨ᠎ᠠ᠃᠃ ᠭᠤᠤᠯ ᠤᠨ
ᠬᠥᠪᠡᠭᠡ ᠪᠤᠶᠤ ᠨᠠᠭᠤᠷ ᠤᠨ ᠬᠥᠪᠡᠭᠡ ᠶᠢᠨ ᠡᠪᠡᠰᠦᠯᠢᠭ
ᠭᠠᠵᠠᠷ᠃ ᠲᠠᠷᠢᠶᠠᠨ ᠤ ᠬᠥᠪᠡᠭᠡ ᠪᠡᠷ ᠤᠷᠭᠤᠨ᠎ᠠ᠃᠃
ᠡᠮ ᠦᠨ ᠤᠷᠭᠤᠮᠠᠯ᠃ ᠤᠷᠰᠤᠨ ᠭᠤᠤᠯ ᠤᠨ ᠬᠥᠪᠡᠭᠡ
ᠪᠡᠷ ᠤᠷᠭᠤᠨ᠎ᠠ᠃

7. 蛇床 *Cnidium monnieri* (L.) Cuss.

伞形科，蛇床属，一年生草本。生于河边或湖边草地、田边。药用植物。分布于乌尔逊河边。拍摄于乌尔逊河边。

8. 短毛独活 *Heracleum moellendorffii* Hance

别名：短毛白芷、东北牛防风、兴安牛防风

伞形科，独活属，多年生草本。生于林下、林缘、溪边。分布于达赉苏木。拍摄于达赉苏木扎哈音温都日南。

9. 柳叶芹 *Czernaevia laevigata* Turcz.

别名：小叶独活

伞形科，柳叶芹属，二年生草本。生于河边沼泽草甸、山地灌丛、林下、林缘草甸。分布于乌尔逊河边。拍摄于乌尔逊河边。

ᠵᠢᠮᠢᠰ ᠨᠢ ᠬᠥᠭᠡᠰᠦᠷᠬᠡᠭ᠃

ᠦᠨᠳᠦᠰᠦ ᠨᠢ ᠪᠦᠳᠦᠭᠦᠨ᠂ ᠣᠷᠣᠢ ᠳᠤ ᠪᠠᠨ ᠬᠡᠳᠦᠨ ᠲᠣᠯᠣᠭᠠᠢ ᠲᠠᠢ᠃ ᠲᠣᠯᠣᠭᠠᠢ ᠨᠢ ᠡᠰᠡᠬᠦᠯ᠎ᠡ ᠬᠡᠳᠦᠨ ᠰᠠᠯᠠᠭᠠᠯᠠᠭᠰᠠᠨ᠃ ᠡᠪᠡᠰᠦᠯᠢᠭ ᠢᠰᠡᠭᠡᠢ ᠮᠡᠲᠦ ᠰᠢᠷᠭᠡᠭᠯᠢᠭ᠃

10. 胀果芹 *Phlojodicarpus sibiricus* (Fisch. ex Spreng.) K. - Pol.

别名：燥芹、膨果芹

伞形科，胀果芹属，多年生草本。生于石质山顶、向阳山坡。分布于呼伦镇。拍摄于呼伦镇北新巴日力嘎东。

ᠲᠣᠭᠣᠰᠣᠯᠢᠭ ᠡᠪᠡᠰᠦ (ᠵᠡᠭᠦᠨ ᠬᠣᠢᠲᠤ ᠶᠢᠨ)

ᠡᠨᠡ ᠡᠪᠡᠰᠦ ᠨᠢ ᠨᠢᠭᠡ ᠨᠠᠰᠤᠲᠤ ᠡᠰᠡᠬᠦᠯ᠎ᠡ ᠬᠣᠶᠠᠷ ᠨᠠᠰᠤᠲᠤ ᠡᠪᠡᠰᠦᠯᠢᠭ ᠤᠷᠭᠤᠮᠠᠯ᠃ ᠲᠠᠷᠢᠶᠠᠨ ᠭᠠᠵᠠᠷ᠂ ᠲᠣᠰᠬᠣᠨ ᠤ ᠣᠢᠷᠠᠯᠴᠠᠭ᠎ᠠ᠂ ᠬᠠᠶᠠᠭᠳᠠᠮᠠᠯ ᠰᠢᠷᠣᠢ ᠵᠢᠴᠢ ᠠᠭᠤᠯᠠᠨ ᠤ ᠣᠢ ᠰᠢᠭᠤᠢ ᠶᠢᠨ ᠬᠥᠪᠡᠭᠡᠨ ᠤ ᠨᠤᠭᠤ ᠵᠡᠷᠭᠡ ᠭᠠᠵᠠᠷ ᠤᠷᠭᠤᠨ᠎ᠠ᠃ ᠨᠣᠭᠣᠭᠠᠨ ᠰᠢᠨ᠎ᠡ ᠦᠶ᠎ᠡ ᠳᠤ ᠪᠠᠨ ᠲᠡᠮᠡᠭᠡ ᠳᠤᠷᠠᠲᠠᠢ ᠢᠳᠡᠨ᠎ᠡ᠂ ᠬᠠᠲᠠᠭᠤ ᠪᠣᠯᠤᠭᠰᠠᠨ ᠦᠶ᠎ᠡ ᠳᠤ ᠪᠠᠨ ᠢᠳᠡᠬᠦ ᠳᠤᠷ᠎ᠠ ᠦᠭᠡᠢ᠂ ᠪᠤᠰᠤᠳ ᠮᠠᠯ ᠢᠳᠡᠬᠦ ᠦᠭᠡᠢ᠃

11. 迷果芹 *Sphallerocarpus gracilis* （Bess. ex Trev.） K. - Pol.

别名：东北迷果芹

伞形科，迷果芹属，一年生或二年生草本。生于田野村旁、撂荒地及山地林缘草甸。青鲜时骆驼乐食，在干燥状态不喜欢吃，其他牲畜不吃。分布于阿拉坦额莫勒镇、呼伦镇、克尔伦苏木。拍摄于克尔伦苏木白音乌拉南。

ᠲᠣᠮᠣ ᠳᠡᠯᠪᠢᠲᠦ ᠳᠠᠯᠠᠩ ᠴᠡᠴᠡᠭ

ᠲᠡᠢᠭᠡᠷᠢ ᠳᠡᠯᠪᠢᠲᠦ ᠳᠠᠯᠠᠩ ᠴᠡᠴᠡᠭ

三十三、报春花科 Primulaceae

1. 北点地梅 *Androsace septentrionalis* L.

别名：雪山点地梅

报春花科，点地梅属，一年生草本。
生于草甸草原、砾石质草原、山地草甸、林
缘及沟谷中。药用植物。分布于阿日哈沙特
镇、呼伦镇、达赉苏木。拍摄于达赉苏木乌
布格德乌拉。

2. 大苞点地梅 *Androsace maxima* L.

报春花科，点地梅属，二年生矮小草本。生于山地砾石质坡地、固定沙地、丘间低
地及撂荒地。分布于克尔伦苏木。拍摄于克尔伦苏木乌珠日山达。

ᠬᠥᠪᠥᠩᠭᠡ ᠡᠪᠡᠰᠦ

ᠨᠠᠮᠤᠷ ᠦᠨ ᠴᠡᠴᠡᠭᠲᠦ ᠢᠵᠠᠭᠤᠷ ᠤᠨ ᠲᠥᠷᠥᠯ ᠂ ᠬᠥᠪᠥᠩᠭᠡ ᠡᠪᠡᠰᠦᠨ ᠦ ᠢᠵᠠᠭᠤᠷ ᠤᠨ ᠂ ᠣᠯᠠᠨ ᠵᠢᠯ ᠦᠨ ᠡᠪᠡᠰᠦᠯᠢᠭ ᠤᠷᠭᠤᠮᠠᠯ ᠃ ᠨᠠᠮ ᠴᠢᠭᠢᠭᠲᠦ ᠭᠠᠵᠠᠷ ᠤᠨ ᠨᠠᠮᠤᠬᠠᠨ ᠡᠪᠡᠰᠦᠲᠦ ᠨᠤᠭᠤ ᠂ ᠬᠥᠩᠭᠡᠨ ᠳᠠᠪᠤᠰᠤᠵᠢᠭᠰᠠᠨ ᠨᠤᠭᠤ ᠳᠤ ᠤᠷᠭᠤᠨ᠎ᠠ ᠃

3. 海乳草 *Claux maritime* L.

报春花科，海乳草属，多年生小草本。生于低湿地矮草草甸、轻度盐化草甸。分布于阿日哈沙特镇、克尔伦河南岸、宝格德乌拉苏木。拍摄于阿贵洞。

ᠲᠡᠮᠡᠭᠡᠨ ᠬᠡᠯᠡᠳᠦ

ᠴᠠᠭᠠᠨ ᠴᠡᠴᠡᠭᠲᠦ ᠢᠵᠠᠭᠤᠷ ᠤᠨ ᠲᠥᠷᠥᠯ ᠂ ᠲᠡᠮᠡᠭᠡᠨ ᠬᠡᠯᠡᠳᠦ ᠶᠢᠨ ᠢᠵᠠᠭᠤᠷ ᠤᠨ ᠂ ᠣᠯᠠᠨ ᠵᠢᠯ ᠦᠨ ᠡᠪᠡᠰᠦᠯᠢᠭ ᠤᠷᠭᠤᠮᠠᠯ ᠃ ᠴᠢᠯᠠᠭᠤᠯᠢᠭ ᠳᠣᠪᠤᠴᠠᠭ ᠤᠨ ᠡᠩᠭᠡᠷ ᠪᠤᠶᠤ ᠲᠡᠭᠰᠢ ᠲᠠᠯ᠎ᠠ ᠳᠤ ᠤᠷᠭᠤᠨ᠎ᠠ ᠃

三十四、白花丹科 Plumbaginaceae

1. 驼舌草 *Goniolimon speciosum* (L.) Boiss.

别名：棱枝草、刺叶矶松

白花丹科，驼舌草属，多年生草本。生于石质丘陵山坡或平原。分布于呼伦镇、阿日哈沙特镇、宝格德乌拉苏木。拍摄于宝格德乌拉山。

ᠰᠢᠷ᠎ᠠ ᠴᠢᠰᠣᠳᠣ ᠡᠪᠡᠰᠦ

ᠰᠢᠷ᠎ᠠ ᠴᠢᠰᠣᠳᠣ ᠡᠪᠡᠰᠦ ᠳᠤᠮᠳᠠᠳᠤ
ᠪᠠᠶ᠎ᠠ ᠲᠠᠢ᠂ ᠣᠯᠠᠨ ᠨᠠᠰᠣᠲᠤ ᠡᠪᠡᠰᠦᠯᠢᠭ
ᠤᠷᠭᠤᠮᠠᠯ᠃ ᠬᠣᠵᠢᠷᠯᠢᠭ ᠨᠠᠮᠬᠠᠨ
ᠭᠠᠵᠠᠷ ᠲᠤ ᠤᠷᠭᠤᠨ᠎ᠠ᠃ ᠡᠮ ᠤᠨ
ᠤᠷᠭᠤᠮᠠᠯ᠃

2. 黄花补血草 *Limonium aureum* (L.) Hill.

别名：黄花苍蝇架、金匙叶草、金色补血草

白花丹科，补血草属，多年生草本。生于盐化低地上。药用植物。分布于阿日哈沙特镇、呼伦镇、克尔伦苏木、达赉苏木。拍摄于克尔伦苏木呼乌拉北。

ᠮᠣᠷᠣᠢ ᠴᠢᠰᠣᠳᠣ ᠡᠪᠡᠰᠦ

ᠮᠣᠷᠣᠢ ᠴᠢᠰᠣᠳᠣ ᠡᠪᠡᠰᠦ ᠳᠤᠮᠳᠠᠳᠤ
ᠪᠠᠶ᠎ᠠ ᠲᠠᠢ᠂ ᠣᠯᠠᠨ ᠨᠠᠰᠣᠲᠤ
ᠡᠪᠡᠰᠦᠯᠢᠭ ᠤᠷᠭᠤᠮᠠᠯ᠃ ᠲᠠᠯ᠎ᠠ
ᠭᠠᠵᠠᠷ ᠲᠤ ᠤᠷᠭᠤᠨ᠎ᠠ᠃

3. 曲枝补血草 *Limonium flexuosum* (L.) Kuntze

别名：苍蝇架、落蝇子花

白花丹科，补血草属，多年生草本。生于草原。分布于呼伦镇、克尔伦苏木。拍摄于呼伦镇查干陶勒盖北。

4. 二色补血草 *Limonium bicolor*（Bunge）Kuntze

别名：苍蝇架、落蝇子花

白花丹科，补血草属，多年生草本。生于典型草原、草甸草原及山地。药用植物。分布于全旗各地。拍摄于宝格德乌拉苏木根子东。

三十五、龙胆科 Gentianaceae

1. 鳞叶龙胆 *Gentiana squarrosa* Ledeb.

别名：小龙胆、石龙胆

龙胆科，龙胆属，一年生草本。生于山地草甸、旱化草甸及草甸草原。药用植物。分布于呼伦镇、阿日哈沙特镇。拍摄于呼伦镇都乌拉。

2. 达乌里龙胆 *Gentiana dahurica* Fisch.（图249）

别名：小秦艽、达乌里秦艽

龙胆科，龙胆属，多年生草本。生于典型草原、草甸、山地草原。药用植物。分布于全旗各地。拍摄于达赉苏木伊和双乌拉南。

3. 扁蕾 *Gentianopsis barbata* (Froel.) Y. C. Ma

别名：剪割龙胆、中国扁蕾

龙胆科，扁蕾属，一年生草本。生于山坡林缘、灌丛、低湿草甸、沟谷及河滩砾石处。药用植物。分布于呼伦镇边境线。拍摄于呼伦镇北新巴日力嘎西。

ᠮᠠᠰᠢ
ᠤᠷᠭᠤᠮᠠᠯ

ᠵᠢᠷᠭᠠᠯᠠᠩ ᠦᠨ ᠨᠠᠪᠴᠢᠲᠦ ᠶᠢᠨ ᠢᠵᠠᠭᠤᠷ ᠡᠴᠡ᠂ ᠡᠨᠡ ᠪᠣᠯ ᠵᠢᠷᠭᠠᠯᠠᠩ ᠦᠨ ᠤᠷᠭᠤᠮᠠᠯ᠂ ᠵᠢᠯ ᠦᠨ ᠤᠷᠭᠤᠮᠠᠯ᠂ ᠨᠠᠭᠤᠷ ᠤᠨ ᠤᠰᠤᠨ ᠤ ᠳᠣᠲᠣᠷᠠᠬᠢ ᠤᠷᠭᠤᠮᠠᠯ᠂ ᠡᠮ ᠦᠨ ᠤᠷᠭᠤᠮᠠᠯ᠂ ᠤᠷᠭᠤᠮᠠᠯ ᠤᠨ ᠲᠠᠷᠬᠠᠯᠲᠠ ᠤᠷᠴᠢᠨ ᠭᠣᠣᠯ᠂ ᠤᠯᠠᠭᠠᠨ ᠭᠣᠣᠯ ᠤᠨ ᠤᠷᠤᠰᠬᠠᠯ ᠤᠨ ᠳᠠᠭᠠᠤ ᠲᠠᠷᠬᠠᠨ᠎ᠠ᠃

三十六、睡菜科 Menyanthaceae

荇菜 *Nymphoides peltata* （S. G. Gmel.）Kuntze

别名：莲叶荇菜、水葵、莕菜

睡菜科，荇菜属，多年生水生植物。生于池塘或湖泊中。药用植物。分布于乌尔逊河、乌兰泡。拍摄于乌尔逊河。

ᠮᠠᠰᠢ
ᠵᠢᠭᠠᠰᠤ
ᠤᠷᠭᠤᠮᠠᠯ

ᠪᠣᠷᠤ ᠴᠡᠴᠡᠭᠲᠦ ᠬᠤᠨᠳᠠᠭᠠᠲᠤ ᠣᠷᠣᠶᠢᠯᠠ ᠶᠢᠨ ᠢᠵᠠᠭᠤᠷ ᠡᠴᠡ᠂ ᠡᠨᠡ ᠪᠣᠯ ᠵᠢᠯ ᠦᠨ ᠡᠪᠡᠰᠦ ᠯᠢᠭ ᠤᠷᠭᠤᠮᠠᠯ᠂ ᠴᠢᠯᠠᠭᠤᠯᠢᠭ ᠠᠭᠤᠯᠠ᠂ ᠲᠣᠪᠣ ᠶᠢᠨ ᠨᠠᠷᠠᠲᠤ ᠡᠩᠭᠡᠷ᠂ ᠠᠭᠤᠯᠠ ᠶᠢᠨ ᠪᠤᠲᠠᠲᠤ ᠰᠢᠭᠤᠶᠢ᠂ ᠣᠶᠢ ᠶᠢᠨ ᠬᠥᠪᠡᠭᠡᠨ ᠦ ᠨᠣᠭᠤᠭᠠᠲᠤ ᠨᠠᠮᠤᠭ᠂ ᠨᠠᠮᠤᠭᠲᠤ ᠲᠠᠯ᠎ᠠ ᠨᠤᠲᠤᠭ ᠲᠤ ᠤᠷᠭᠤᠨ᠎ᠠ᠃

三十七、萝摩科 Asclepiadcaeae

1. 紫花杯冠藤 *Cynanchum purpureum* （Pall.）K. Schum.

别名：紫花白前、紫花牛皮消

萝摩科，鹅绒藤属，多年生草本。生于石质山地、丘陵阳坡、山地灌丛、林缘草甸、草甸草原。药用植物。分布于达赉苏木、贝尔苏木。拍摄于达赉苏木伊和双乌拉南。

2. 地梢瓜 *Cynanchum thesioides* (Freyn) K. Schum.

别名：沙奶草、地瓜瓢、沙奶奶、老瓜瓢

萝藦科，鹅绒藤属，多年生草本。生于干草原、丘陵坡地、沙丘、摞荒地、田埂。药用植物。分布于达赉苏木、宝格德乌拉苏木、克尔伦苏木、阿拉坦额莫勒镇。拍摄于宝格德乌拉沙地。

3. 萝藦 *Metaplexis japonica* (Thunb.) Makino

别名：赖瓜瓢、婆婆针线包

萝藦科，萝藦属，多年生草质藤本。生于河边沙质坡地。药用植物。分布于阿拉坦额莫勒镇。拍摄于阿拉坦额莫勒镇巴音德日斯。

ᠮᠠᠩᠭᠢᠷᠠᠭ᠎ᠠ

三十八、旋花科 Convolvulaceae

1. 银灰旋花 *Convolvulus ammannii* Desr.

别名：阿氏旋花

旋花科，旋花属，多年生矮小草本植物。生于荒漠草原、典型草原、草原上的畜群点、饮水点附近、山地阳坡、石质丘陵。分布于全旗各地。拍摄于宝格德乌拉苏木根子北。

ᠲᠠᠷᠢᠶᠠᠨ᠎ᠤ ᠮᠠᠩᠭᠢᠷ

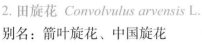

2. 田旋花 *Convolvulus arvensis* L.

别名：箭叶旋花、中国旋花

旋花科，旋花属，多年生草本。生于田间、撂荒地、村舍、路旁、轻度盐化的草甸中。药用植物。全草各种牲畜均喜食。分布于阿拉坦额莫勒镇、克尔伦苏木、达赉苏木。拍摄于达赉苏木木盖特南。

ᠲᠣᠭᠤᠰᠤ ᠬᠤᠯᠤᠰᠤᠨ

三十九、菟丝子科 Cuscutaceae

菟丝子 *Cuscuta chinensis* Lam.

别名：豆寄生、无根草、金丝藤

菟丝子科，菟丝子属，一年生寄生草本。寄生于草本植物、豆科植物。药用植物。分布于阿拉坦额莫勒镇、达赉苏木。拍摄于阿拉坦额莫勒镇雷达山东。

ᠨᠠᠷᠢᠨ ᠨᠠᠪᠴᠢᠲᠤ

四十、紫草科 Boraginaceae

1. 细叶砂引草 *Tournefortia sibirica* L. var. *angustior* (DC.) G. L. Chu et M. G. Gilbert

别名：紫丹草、挠挠糖

紫草科，紫丹属，多年生草本。生于沙地、沙漠边缘、盐生草甸、干河沟边。固沙植物。分布于全旗各地。拍摄于阿拉坦额莫勒镇雷达山东。

ᠮᠤᠩᠭᠤᠯ ᠪᠦᠴᠢ

2. 大果琉璃草 *Cynoglossum divaricatum* Steph. ex Lehm.

别名：大赖鸡毛子、展枝倒提壶、粘染子

紫草科，琉璃草属，二年生或多年生草本。生于沙地、干河谷、田边、路边及村旁。药用植物。分布于全旗各地。拍摄于阿拉坦额莫勒镇西庙田边。

3. 蒙古鹤虱 *Lappula intermedia* (Ledeb.) Popov

别名：小粘染子、卵盘鹤虱

紫草科，鹤虱属，一年生草本。生于山麓砾石质坡地，河岸及湖边沙地，村旁路边。分布于达赉苏木、呼伦湖沿岸。拍摄于呼伦湖西岸。

ᠬᠣᠨᠢᠨ ᠰᠢᠷᠠᠯᠵᠢ

ᠲᠠᠷᠢᠶᠠᠨ ᠤ ᠵᠢᠮᠰᠡᠭ ᠪᠤᠶᠤ ᠬᠤᠶᠠᠷ ᠨᠠᠰᠤᠲᠤ ᠡᠪᠡᠰᠦ᠃ ᠭᠤᠤᠯ ᠤᠨ ᠬᠦᠨᠳᠡᠢ ᠶᠢᠨ ᠨᠤᠭᠤ᠂ ᠠᠭᠤᠯᠠᠷᠬᠠᠭ ᠭᠠᠵᠠᠷ ᠤᠨ ᠨᠤᠭᠤ ᠪᠠ ᠵᠠᠮ ᠤᠨ ᠬᠠᠵᠠᠭᠤ ᠳᠤ ᠤᠷᠭᠤᠨᠠ᠃ ᠡᠮ ᠦᠨ ᠤᠷᠭᠤᠮᠠᠯ᠃ ᠬᠦᠯᠦᠨ ᠪᠠᠯᠭᠠᠰᠤ᠂ ᠪᠣᠭᠳᠠ ᠶᠢᠨ ᠠᠭᠤᠯᠠ ᠰᠤᠮᠤ ᠳᠤ ᠲᠠᠷᠬᠠᠨ᠎ᠠ᠃

4. 鹤虱 *Lappula myosotis* Moench

别名：小粘染子

紫草科，鹤虱属，一年生或二年生草本。生于河谷草甸、山地草甸及路边。药用植物。分布于呼伦镇、宝格德乌拉苏木。拍摄于呼伦镇南路边。

ᠬᠣᠨᠢᠨ ᠰᠢᠷᠠᠯᠵᠢ

ᠲᠠᠷᠢᠶᠠᠨ ᠤ ᠵᠢᠮᠰᠡᠭ ᠪᠤᠶᠤ ᠬᠤᠶᠠᠷ ᠨᠠᠰᠤᠲᠤ ᠡᠪᠡᠰᠦ᠃ ᠠᠭᠤᠯᠠᠷᠬᠠᠭ ᠭᠠᠵᠠᠷ ᠤᠨ ᠨᠤᠭᠤ᠂ ᠭᠤᠤᠯ ᠤᠨ ᠬᠦᠨᠳᠡᠢ ᠶᠢᠨ ᠨᠤᠭᠤ᠂ ᠲᠠᠷᠢᠶᠠᠨ ᠭᠠᠵᠠᠷ᠂ ᠲᠣᠰᠬᠤᠨ ᠤ ᠬᠠᠵᠠᠭᠤ᠂ ᠵᠠᠮ ᠤᠨ ᠬᠠᠵᠠᠭᠤ ᠳᠤ ᠤᠷᠭᠤᠨᠠ᠃ ᠦᠷᠡ ᠶᠢ ᠨᠢ ᠲᠣᠰᠤ ᠰᠢᠬᠠᠵᠤ ᠪᠣᠯᠤᠨᠠ᠃ ᠪᠦᠬᠦ ᠬᠤᠰᠢᠭᠤᠨ ᠤ ᠡᠯᠡ ᠭᠠᠵᠠᠷ ᠲᠤ ᠲᠠᠷᠬᠠᠨ᠎ᠠ᠃

5. 异刺鹤虱 *Lappula heteracantha* (Ledeb.) Gürke

别名：小粘染子

紫草科，鹤虱属，一年生或二年生草本。生于山地草甸、河谷草甸、田野、村旁、路边。种子可榨油。分布于全旗各地。拍摄于达赉苏木木盖特旁。

ᠳᠡᠯᠡᠬᠡᠢ᠃ ᠡᠪᠡᠰᠦ ᠪᠣᠯᠤᠨ᠎ᠠ᠃ ᠠᠭᠤᠯᠠᠨ ᠤ ᠣᠢ ᠶᠢᠨ ᠬᠥᠪᠡᠭᠡ᠂ ᠨᠠᠮᠤᠭ᠂ ᠡᠯᠡᠰᠦᠨ ᠳᠤ ᠤᠷᠭᠤᠨ᠎ᠠ᠃ ᠡᠮ ᠤᠨ ᠤᠷᠭᠤᠮᠠᠯ᠃ ᠬᠥᠯᠥᠨ ᠪᠠᠯᠭᠠᠰᠤ᠂ ᠬᠡᠷᠦᠯᠦᠨ ᠰᠤᠮᠤ ᠳᠤ ᠲᠠᠷᠬᠠᠨ᠎ᠠ᠃ ᠬᠥᠯᠥᠨ ᠪᠠᠯᠭᠠᠰᠤᠨ ᠤ

6. 附地菜 *Trigonotis peduncularis*（Trev.）Benth. ex Baker et Moore

紫草科，附地菜属，一年生草本。生于山地林缘、草甸、沙地。药用植物。分布于呼伦镇、克尔伦苏木。拍摄于呼伦镇都乌拉山下。

ᠣᠢ ᠶᠢᠨ ᠮᠠᠷᠲᠠᠬᠤ ᠥᠪᠡᠰᠦ᠃ ᠲᠠᠯ᠎ᠠ ᠶᠢᠨ ᠮᠠᠷᠲᠠᠬᠤ ᠡᠪᠡᠰᠦ᠃ ᠮᠣᠯᠢᠶᠠᠰᠤ ᠶᠢᠨ ᠣᠪᠤᠭ᠃ ᠮᠠᠷᠲᠠᠬᠤ ᠡᠪᠡᠰᠦᠨ ᠤ ᠲᠥᠷᠥᠯ᠃ ᠣᠯᠠᠨ ᠨᠠᠰᠤᠲᠤ ᠡᠪᠡᠰᠦ ᠪᠣᠯᠤᠨ᠎ᠠ᠃ ᠠᠭᠤᠯᠠᠨ ᠤ ᠣᠢ ᠶᠢᠨ ᠳᠣᠣᠷ᠎ᠠ᠂

7. 勿忘草 *Myosotis alpestris* F. W. Schmidt

别名：林勿忘草、草原勿忘草

紫草科，勿忘草属，多年生草本。生于山地林下、山地灌丛、山地草甸。分布于达赉苏木。拍摄于达赉苏木扎哈音温都日南。

8. 钝背草 *Amblynotus rupestris* （Pall. ex Georgi）Popov ex L. Sergiev.

紫草科，钝背草属，多年生丛簇状小草本。生于典型草原、砾石质草原、沙质草原。分布于呼伦镇、阿拉坦额莫勒镇、达赉苏木。拍摄于阿拉坦额莫勒镇雷达山下。

四十一、马鞭草科 Verbenaceae

蒙古莸 *Caryopteris mongholica* Bunge

别名：白蒿

马鞭草科，莸属，小灌木。生于石质山坡、沙地、干河床及沟谷。药用植物。观赏与水土保持植物。分布于阿日哈沙特镇、克尔伦苏木。拍摄于克尔伦苏木呼和温都日。

ᠮᠣᠩᠭᠣᠯ ᠤᠨ ᠨᠡᠷ᠎ᠠ ᠃᠃

ᠡᠪᠡᠰᠦ ᠪᠣᠯᠤᠨ᠎ᠠ ᠃ ᠬᠠᠶᠢᠷᠠᠯᠠᠵᠤ ᠂ ᠭᠤᠣᠯ ᠤᠨ
ᠬᠥᠪᠡᠭᠡᠨ ᠤ ᠡᠯᠡᠰᠦᠨ ᠭᠠᠵᠠᠷ ᠂ ᠲᠠᠷᠢᠶᠠᠨ ᠤ
ᠵᠠᠬ᠎ᠠ ᠂ ᠭᠤᠤ ᠵᠡᠭᠡᠯᠢ ᠂ ᠡᠷᠦᠬᠡ ᠠᠢᠯ ᠤᠨ
ᠣᠢᠷᠠᠯᠴᠠᠭ᠎ᠠ ᠤᠷᠭᠤᠨ᠎ᠠ ᠃ ᠰᠢᠨᠡᠬᠡᠨ ᠳᠡᠭᠡᠨ
ᠲᠡᠮᠡᠭᠡ ᠂ ᠬᠣᠨᠢ ᠳᠤᠷᠠᠲᠠᠢᠶᠠ ᠢ�dᠡᠨ᠎ᠡ ᠂
ᠴᠡᠴᠡᠭᠯᠡᠭᠰᠡᠨ ᠤ ᠳᠠᠷᠠᠭ᠎ᠠ ᠡᠪᠡᠰᠦᠯᠡᠵᠦ
ᠮᠠᠯ ᠢᠳᠡᠬᠦ ᠦᠭᠡᠢ ᠃

四十二、唇形科 Labiatae

1. 水棘针 *Amethystea caerulea* L.

唇形科，水棘针属，一年生草本。生于河滩沙地、田边路旁、溪旁、居民点附近。新鲜状态下，骆驼和绵羊乐食，开花以后变粗老，牲畜不吃。分布于阿拉坦额莫勒镇、克尔伦苏木。拍摄于阿拉坦额莫勒镇额尔敦乌拉北。

ᠬᠤᠩᠬᠤ ᠃᠃

ᠡᠪᠡᠰᠦ ᠪᠣᠯᠤᠨ᠎ᠠ ᠃ ᠠᠭᠤᠯᠠ ᠂ ᠲᠣᠪᠣᠴᠠᠭ ᠤᠨ
ᠬᠠᠶᠢᠷᠭ᠎ᠠ ᠴᠢᠯᠠᠭᠤᠲᠤ ᠨᠠᠮᠠᠯ ᠭᠠᠵᠠᠷ
ᠪᠣᠯᠤᠨ ᠡᠯᠡᠰᠦᠷᠬᠡᠭ ᠬᠥᠷᠥᠰᠥᠨ ᠳᠡᠭᠡᠷ᠎ᠡ
ᠤᠷᠭᠤᠨ᠎ᠠ ᠃ ᠡᠮ ᠤᠨ ᠤᠷᠭᠤᠮᠠᠯ ᠪᠣᠯᠤᠨ᠎ᠠ ᠃
ᠬᠤᠰᠢᠭᠤᠨ ᠤ ᠤᠮᠠᠷᠠᠲᠤ ᠬᠡᠰᠡᠭ ᠤᠨ
ᠲᠠᠯ᠎ᠠ ᠨᠤᠲᠤᠭ ᠲᠤ ᠲᠠᠷᠬᠠᠨ᠎ᠠ ᠃

2. 黄芩 *Scutellaria baicalensis* Georgi

别名：黄岑茶

唇形科，黄芩属，多年生草本。生于山地、丘陵的砾石坡地及沙质土上。药用植物。分布于旗北部草原。拍摄于达赉苏木伊和双乌拉南。

ᠫᠠᠨ ᠲᠣᠤ ᠾᠣᠸᠠᠩ ᠴᠢᠨ

3. 并头黄芩 *Scutellaria scordifolia* Fisch. ex Schrank

别名：头巾草

唇形科，黄芩属，多年生草本。生于河滩草甸、山地草甸、林缘、山地林下、撂荒地、路旁、村边。药用植物。分布于呼伦镇、达赉苏木。拍摄于达赉苏木伊和双乌拉南路边。

ᠺᠦᠢ ᠵᠤᠸᠠᠩ ᠾᠣᠸᠠᠩ ᠴᠢᠨ

4. 盔状黄芩 *Scutellaria galericulata* L.

唇形科，黄芩属，多年生草本。生于河滩草甸及沟谷。分布于乌兰泡。拍摄于乌兰泡边。

ᠮᠣᠩᠭᠣᠯ ᠨᠡᠷ᠎ᠡ᠄
ᠬᠥᠳᠡᠭᠡ ᠵᠢᠨ ᠥᠷᠭᠡᠰᠦᠲᠡᠢ

5. 夏至草 *Lagopsis supina*
(Steph. ex Willd.) lk. - Gal. ex Knorr.

唇形科，夏至草属，多年生草本。生于田野、路旁、撂荒地。药用植物。分布于阿日哈沙特镇、阿拉坦额莫勒镇。拍摄于阿日哈沙特镇东公路北。

ᠮᠣᠩᠭᠣᠯ ᠨᠡᠷ᠎ᠡ᠄

6. 多裂叶荆芥 *Schizonepeta multifida*
(L.) Briq.

别名：东北裂叶荆芥

唇形科，裂叶荆芥属，多年生草本。生于沙质平原、丘陵坡地及石质山坡、林缘及灌丛。分布于阿日哈沙特镇、呼伦镇、达赉苏木。拍摄于达赉苏木伊和双乌拉南。

ᠬᠠᠩᠰᠢᠶᠠᠷ ᠴᠡᠴᠡᠭ

ᠨᠠᠭᠤᠷ ᠤᠨ ᠡᠮ ᠪᠣᠯᠤᠨ᠎ᠠ᠃ ᠡᠮᠲᠦ ᠤᠷᠭᠤᠮᠠᠯ᠃ ᠪᠦᠬᠦ ᠪᠡᠶ᠎ᠡ ᠳ᠋ᠥ ᠦᠨᠦᠷᠲᠦ ᠲᠣᠰᠤ ᠠᠭᠤᠯᠤᠨ᠎ᠠ᠃ ᠠᠷᠢᠬᠠᠱᠠᠲ ᠪᠠᠯᠭᠠᠰᠤ᠂ ᠪᠣᠭᠳᠠ ᠠᠭᠤᠯᠠ ᠰᠤᠮᠤ ᠳ᠋ᠥ ᠤᠷᠭᠤᠨ᠎ᠠ᠃

7. 香青兰 *Dracocephalum moldavica* L.

别名：山薄荷

唇形科，青兰属，一年生草本。生于山坡、沟谷、河谷砾石质地。药用植物。全株含芳香油。分布于阿日哈沙特镇、宝格德乌拉苏木。拍摄于宝格德乌拉苏木根子北。

ᠪᠣᠭᠰᠤᠭ᠎ᠠ ᠲᠠᠢ ᠬᠠᠴᠢᠭ ᠡᠪᠡᠰᠦ

ᠨᠠᠭᠤᠷ ᠤᠨ ᠡᠮ ᠪᠣᠯᠤᠨ᠎ᠠ᠃ ᠠᠭᠤᠯᠠ ᠶᠢᠨ ᠵᠢᠯᠠᠭ᠎ᠠ ᠶᠢᠨ ᠨᠤᠭᠤ᠂ ᠠᠭᠤᠯᠠ ᠶᠢᠨ ᠪᠤᠲᠠᠯᠢᠭ᠂ ᠣᠢ ᠶᠢᠨ ᠬᠥᠪᠡᠭᠡ ᠳ᠋ᠥ ᠤᠷᠭᠤᠨ᠎ᠠ᠃ ᠡᠮᠲᠦ ᠤᠷᠭᠤᠮᠠᠯ᠃ ᠬᠥᠯᠦᠨ ᠪᠠᠯᠭᠠᠰᠤ᠂ ᠳᠠᠯᠠᠢ ᠰᠤᠮᠤ ᠳ᠋ᠥ ᠤᠷᠭᠤᠨ᠎ᠠ᠃

8. 块根糙苏 *Phlomis tuberosa* L.

唇形科，糙苏属，多年生草本。生于山地沟谷草甸、山地灌丛、林缘。药用植物。分布于呼伦镇、达赉苏木。拍摄于达赉苏木海日罕乌拉南。

ᠮᠣᠩᠭᠣᠯ ᠬᠠᠯᠠᠭᠠᠢ ᠡᠪᠡᠰᠦ᠄

ᠡᠮ᠄ ᠤᠯᠠᠭᠠᠨᠠ ᠡᠪᠡᠰᠦᠨ ᠪᠤᠷ᠄ ᠬᠡᠳᠦ ᠨᠠᠰᠤᠲᠤ ᠡᠪᠡᠰᠦᠯᠢᠭ ᠤᠷᠭᠤᠮᠠᠯ ᠃ ᠨᠠᠭᠤᠷ ᠤᠨ ᠡᠷᠭᠢ ᠂ ᠨᠠᠭᠤᠷ ᠤᠨ ᠲᠠᠯ᠎ᠠ ᠂ ᠠᠭᠤᠯᠠ ᠶᠢᠨ ᠭᠤᠤ ᠵᠢᠯᠠᠭ᠎ᠠ ᠶᠢᠨ ᠨᠠᠭᠤᠷ ᠲᠤ ᠤᠷᠭᠤᠨ᠎ᠠ ᠃ ᠡᠮ ᠤᠨ ᠤᠷᠭᠤᠮᠠᠯ ᠃ ᠬᠥᠯᠥᠨ ᠪᠠᠯᠭᠠᠰᠤ ᠂ ᠳᠠᠷᠬᠠᠨ ᠰᠤᠮᠤ ᠪᠠᠷ ᠲᠠᠷᠬᠠᠭᠰᠠᠨ ᠃

9. 串铃草 *Phlomis mongolica* Turcz.

别名：毛尖茶、野洋芋

唇形科，糙苏属，多年生草本。生于草甸、草甸草原、山地沟谷草甸、撂荒地及路边。药用植物。分布于呼伦镇、达赉苏木。拍摄于达赉苏木达巴南。

ᠠᠮᠢᠰᠬᠤᠯ ᠡᠪᠡᠰᠦ᠄

ᠡᠮ᠄ ᠳᠠᠷᠬᠠᠨ ᠡᠪᠡᠰᠦᠨ ᠪᠤᠷ᠄ ᠨᠢᠭᠡ ᠨᠠᠰᠤᠲᠤ ᠪᠤᠶᠤ ᠬᠣᠶᠠᠷ ᠨᠠᠰᠤᠲᠤ ᠡᠪᠡᠰᠦᠯᠢᠭ ᠤᠷᠭᠤᠮᠠᠯ ᠃ ᠲᠠᠷᠢᠶᠠᠨ ᠭᠠᠵᠠᠷ ᠂ ᠭᠡᠷ ᠪᠠᠶᠢᠰᠢᠩ ᠤᠨ ᠣᠶᠢᠷ᠎ᠠ ᠤᠷᠭᠤᠨ᠎ᠠ ᠃

10. 益母草 *Leonurus japonicus* Houtt.

别名：益母蒿、坤草、龙昌昌

唇形科，益母草属，一年生或二年生草本。生于田野、房舍附近。可用美容化妆品。分布于呼伦镇、阿拉坦额莫勒镇、达赉苏木。拍摄于阿拉坦额莫勒镇额尔敦乌拉北。

ᠵᠢᠴᠢ ᠦᠯᠦᠭᠡᠢ ᠡᠪᠡᠰᠦ

ᠤᠷᠭᠤᠮᠠᠯ ᠃ ᠡᠭᠦᠰᠭᠡᠨ ᠭᠠᠵᠠᠷ ᠤᠷᠤᠨ ᠤ ᠨᠢᠭᠡᠳᠦᠭᠡᠷ ᠃ ᠬᠠᠷ᠎ᠠ ᠠᠭᠤᠯᠠ ᠬᠦᠮᠦᠨ ᠃ ᠤᠰᠤᠨ ᠤ ᠡᠭᠡᠪᠡᠷ ᠃ ᠡᠯᠡᠰᠦᠨ ᠤᠷᠭᠤᠮᠠᠯ ᠃ ᠡᠭᠦᠰᠭᠡᠨ ᠃ ᠲᠠᠷᠢᠶᠠᠨ ᠭᠠᠵᠠᠷ ᠃ ᠬᠠᠷ᠎ᠠ ᠭᠠᠵᠠᠷ ᠤᠷᠤᠨ ᠳᠤ ᠤᠷᠭᠤᠳᠠᠭ ᠃ ᠡᠮ ᠤᠨ ᠤᠷᠭᠤᠮᠠᠯ ᠃ ᠡᠭᠦᠰᠭᠡᠨ ᠭᠠᠵᠠᠷ ᠤᠷᠤᠨ ᠃

11. 细叶益母草 *Leonurus sibiricus* L.

别名：益母蒿、龙昌菜

唇形科，益母草属，一年生或二年生草本。生于山坡草地、沟谷、石质丘陵、沙质草原、沙地、沙丘、农田、村旁、路边。药用植物。分布于全旗各地。拍摄于达赍苏木木盖特南公路旁。

ᠭᠦᠢᠯᠦᠰᠦ ᠡᠪᠡᠰᠦ

ᠤᠷᠭᠤᠮᠠᠯ ᠃ ᠡᠭᠦᠰᠭᠡᠨ ᠭᠠᠵᠠᠷ ᠤᠷᠤᠨ ᠳᠤ ᠃ ᠨᠠᠮᠤᠭ ᠤᠨ ᠨᠠᠮᠤᠭᠳᠠᠢ ᠭᠠᠵᠠᠷ ᠃ ᠡᠮ ᠤᠨ ᠤᠷᠭᠤᠮᠠᠯ ᠃ ᠤᠷᠭᠤᠳᠠᠭ ᠃ ᠡᠮ ᠤᠨ ᠤᠷᠭᠤᠮᠠᠯ ᠃ ᠤᠯᠠᠭᠠᠨ ᠭᠤᠤᠯ ᠃ ᠬᠡᠷᠦᠯᠦᠨ ᠭᠤᠤᠯ ᠤᠨ ᠡᠷᠭᠢ ᠃ ᠬᠡᠷᠦᠯᠦᠨ ᠭᠤᠤᠯ ᠤᠨ ᠡᠷᠭᠢ ᠃

12. 毛水苏 *Stachys riederi* Chamisso ex Benth.

别名：华水苏、水苏

唇形科，水苏属，多年生草本。生于低湿草甸、沼泽草甸、沟谷草甸。药用植物。分布于乌尔逊河、克尔伦河边。拍摄于克尔伦河边。

ᠲᠡᠷᠡᠯᠵᠢ ᠶᠢᠨ ᠵᠢᠭᠠᠰᠤ

13. 百里香 *Thymus serpyllum* L.

别名：地椒、亚洲百里香、蒙古百里香

唇形科，百里香属，小半灌木。生于砂砾质平原、石质丘陵及山地阳坡。可做香料，也可供食品工业用。分布于全旗各地。拍摄于达赉苏木海日罕乌拉。

14. 薄荷 *Mentha canadensis* L.

唇形科，薄荷属，多年生草本。生于水旁低湿地、湖滨草甸、河滩沼泽草甸。药用植物。分布于乌尔逊河岸。拍摄于乌尔逊河岸。

ᠮᠤᠩᠭᠣᠯ

ᠮᠤᠩᠭᠣᠯ ᠤᠨ ᠨᠢᠭᠡᠨ ᠵᠢᠯ ᠤᠨ ᠡᠪᠡᠰᠤ ᠄᠄ ᠵᠠᠮ ᠤᠨ ᠬᠥᠪᠡᠭᠡ ᠂ ᠲᠣᠰᠬᠣᠨ ᠤ ᠬᠠᠵᠠᠭᠤ ᠂ ᠰᠤᠪᠠᠭ ᠤᠨ ᠬᠥᠪᠡᠭᠡ ᠪᠡᠷ ᠤᠷᠭᠤᠨ᠎ᠠ ᠃

四十三、茄科 Solanaceae

1. 龙葵 *Solanum nigrum* L.

别名：天茄子

茄科，茄属，一年生草本。生于路旁、村边、水沟边。药用植物。分布于全旗各地。拍摄于达赉苏木乌布格德乌拉北。

ᠮᠤᠩᠭᠣᠯ

ᠮᠤᠩᠭᠣᠯ ᠤᠨ ᠤᠯᠠᠨ ᠵᠢᠯ ᠤᠨ ᠡᠪᠡᠰᠤ ᠄᠄ ᠵᠠᠮ ᠤᠨ ᠬᠥᠪᠡᠭᠡ ᠂ ᠣᠢ ᠶᠢᠨ ᠳᠣᠣᠷ᠎ᠠ ᠪᠠ ᠤᠰᠤᠨ ᠤ ᠬᠥᠪᠡᠭᠡ ᠪᠡᠷ ᠤᠷᠭᠤᠨ᠎ᠠ ᠃

2. 青杞 *Solanum septemlobum* Bunge

别名：草枸杞、野枸杞、红葵

茄科，茄属，多年生草本。药用植物。生于路旁、林下及水边。分布于阿日哈沙特镇。拍摄于阿贵洞西北。

ᠪᠣᠯᠣᠨ᠎ᠠ᠄᠄

ᠡᠷᠡᠭᠦᠯ᠂ ᠬᠠᠮᠠᠭᠠᠯᠠᠬᠤ ᠳᠤ᠂ ᠡᠮ ᠦᠨ ᠤᠷᠭᠤᠮᠠᠯ᠄᠄ ᠡᠪᠡᠰᠦ ᠨᠢ ᠬᠣᠤᠷᠲᠤ

ᠲᠠᠷᠢᠶᠠᠯᠠᠩ ᠳᠤ᠂ ᠠᠭᠤᠯᠠ᠂ ᠬᠥᠨᠳᠡᠢ ᠳᠦ ᠤᠷᠭᠤᠨ᠎ᠠ᠄᠄ ᠣᠯᠠᠨ ᠵᠢᠯ ᠦᠨ

3. 泡囊草 *Physochlaina physaloides*（L.）G. Don

茄科，泡囊草属，多年生草本。生于山地、沟谷。药用植物。分布于阿拉坦额莫勒镇、宝格德乌拉苏木、达赉苏木、克尔伦苏木。拍摄于宝格德乌拉山南沟谷。

ᠤᠷᠭᠤᠮᠠᠯ᠄᠄

ᠲᠠᠷᠢᠶᠠᠨ ᠤ ᠬᠠᠵᠠᠭᠤ᠂ ᠵᠠᠮ ᠤᠨ ᠬᠥᠪᠡᠭᠡᠨ ᠳᠦ ᠤᠷᠭᠤᠨ᠎ᠠ᠄᠄ ᠡᠮ ᠦᠨ

ᠨᠢᠭᠡ ᠪᠤᠶᠤ ᠬᠣᠶᠠᠷ ᠵᠢᠯ ᠦᠨ ᠡᠪᠡᠰᠦᠯᠢᠭ ᠤᠷᠭᠤᠮᠠᠯ᠄᠄ ᠲᠣᠰᠬᠣᠨ

4. 天仙子 *Hyoscyamus niger* L.

别名：山烟子、薰牙子

茄科，天仙子属，一年或二年生草本。生于村舍附近、路边、田野。药用植物。分布于达赉苏木、宝格德乌拉苏木。拍摄于达赉苏木木盖特南公路东边。

四十四、玄参科 Scrophulariaceae

1. 柳穿鱼 *Linaria vulgaris* Mill. subsp. *sinensis*（Bunge ex Debeaux）D. Y. Hong

玄参科，柳穿鱼属，多年生草本。生于山地草甸、沙地、路边。药用植物。分布于全旗各地。拍摄于宝格德乌拉山南。

2. 多枝柳穿鱼 *Linaria buriatica* Turcz. ex Benth.

别名：矮柳穿鱼

玄参科，柳穿鱼属，多年生草本。生于草原及固定沙地。药用植物。分布于达赉苏木、宝格德乌拉苏木。拍摄于宝格德乌拉根子东。

ᠰᠢᠷᠠ ᠦᠨᠳᠦᠰᠦ ᠬᠡᠮᠡᠨ᠎ᠡ ᠃

ᠡᠮ ᠦᠨ ᠬᠡᠷᠡᠭᠯᠡᠭᠡ ᠄ ᠬᠠᠯᠠᠭᠤ ᠶᠢ ᠲᠠᠶᠢᠯᠵᠤ ᠂ ᠴᠢᠰᠤ ᠶᠢ ᠠᠷᠢᠭᠤᠳᠬᠠᠨ᠎ᠠ ᠃ ᠡᠪᠡᠳᠴᠢᠨ ᠢ ᠡᠳᠡᠭᠡᠭᠡᠨ᠎ᠡ ᠃

3. 砾玄参 *Scrophularia incisa* Weinm.

玄参科，玄参属，多年生草本。生于砂砾石质地、山地岩石处。药用植物。分布于克尔伦苏木、达赉苏木和呼伦湖西岸。拍摄于呼伦湖西岸。

ᠰᠢᠳᠦᠲᠦ ᠡᠪᠡᠰᠦ

ᠡᠮ ᠄ ᠡᠮ ᠦᠨ ᠬᠡᠷᠡᠭᠯᠡᠭᠡ ᠄ ᠬᠠᠯᠠᠭᠤ ᠶᠢ ᠲᠠᠶᠢᠯᠵᠤ ᠂ ᠴᠢᠰᠤ ᠶᠢ ᠠᠷᠢᠭᠤᠳᠬᠠᠨ᠎ᠠ ᠃ ᠮᠠᠯ ᠢᠳᠡᠰᠢᠯᠡᠨ᠎ᠡ ᠃

4. 疗齿草 *Odontites vulgaris* Moench

别名：齿叶草

玄参科，疗齿草属，一年生草本。生于低湿草甸、水边。药用植物。牲畜采食其干草。分布于乌兰泡、乌尔逊河边。拍摄于乌尔逊河边。

ᠰᠢᠷ᠎ᠠ ᠴᠡᠴᠡᠭᠲᠦ ᠪᠠᠭᠰᠢᠷᠭᠠᠨ᠎ᠠ

5. 黄花马先蒿 *Pedicularis flava* Pall.

玄参科，马先蒿属，多年生草本。生于典型草原的山坡或沟谷坡地。分布于呼伦镇。拍摄于呼伦镇都乌拉。

ᠨᠠᠷᠢᠨ ᠨᠠᠪᠴᠢᠲᠤ ᠪᠠᠭᠰᠢᠷᠭᠠᠨ᠎ᠠ

6. 红纹马先蒿 *Pedicularis striata* Pall.

别名：细叶马先蒿

玄参科，马先蒿属，多年生草本。生于山地草甸草原、林缘草甸、疏林中。药用植物。分布于呼伦镇、达赉苏木。拍摄于呼伦镇北新巴日力嘎东。

ᠮᠣᠩᠭᠣᠯ ᠤ ᠨᠠᠷᠠ ᠨᠢᠭᠡᠨ

ᠬᠡᠷᠡᠭ .. ᠡᠪᠡᠰᠤ ᠪᠡᠷ ᠳ᠋ᠠᠭᠠᠨ ᠤᠯᠠᠨ ᠨᠠᠰᠤᠳᠤ ᠡᠪᠡᠰᠤ ᠨᠢ ..
ᠡᠩᠬᠡ ᠶᠢᠨ ᠣᠷᠬᠤ ᠂ ᠴᠥᠯ ᠤ᠋ᠨ ᠂ ᠠᠭᠤᠯᠠ ᠶᠢᠨ ᠣᠷᠬᠤ
ᠳᠤ ᠤᠷᠭᠤᠳᠠᠭ ᠃ ᠡᠮ ᠤ᠋ᠨ ᠤᠷᠭᠤᠮᠠᠯ ᠃ ᠬᠠᠪᠤᠷ ᠠᠴᠠ ᠨᠠᠮᠤᠷ
ᠬᠦᠷᠲᠡᠯᠡ ᠮᠠᠯ ᠪᠣᠯᠣᠨ ᠲᠡᠮᠡᠭᠡ ᠳᠤᠷᠠᠲᠠᠢ ᠢᠳᠡᠳᠡᠭ ᠂ ᠲᠡᠭᠦᠨ ᠤ᠋
ᠬᠠᠭᠰᠠᠭ᠌ᠰᠠᠨ ᠢ ᠳᠤᠷᠠᠲᠠᠢ ᠢᠳᠡᠳᠡᠭ ᠂ ᠮᠣᠷᠢ ᠵᠢᠭᠠᠬᠠᠨ ᠢᠳᠡᠳᠡᠭ ᠂
ᠦᠬᠡᠷ ᠢᠳᠡᠬᠦ ᠦᠭᠡᠢ ᠪᠤᠶᠤ ᠮᠠᠭᠤ ᠢᠳᠡᠳᠡᠭ ᠂ ᠬᠣᠰᠢᠭᠤᠨ ᠤ᠋
ᠣᠯᠠᠨ ᠭᠠᠵᠠᠷ ᠲᠤ ᠲᠠᠷᠬᠠᠭᠰᠠᠨ ᠂ ᠪᠡᠶᠡᠷ ᠰᠤᠮᠤ ᠶᠢᠨ ᠮᠤᠨᠠ ᠲᠠᠯ᠎ᠠ
ᠳᠤ ᠵᠢᠷᠤᠭ ᠢ ᠠᠪᠪᠠ ᠃

7. 达乌里芯芭 *Cymbaria dahurica* L.

别名：芯芭、大黄花、白蒿茶

玄参科，芯芭属，多年生草本。生于典型草原、荒漠草原、山地草原上。药用植物。从春至秋小畜和骆驼喜食其鲜草，而乐食其干草；马稍采食，牛不采食或采食差。分布于全旗各地。拍摄于贝尔苏木莫农塔拉。

ᠭᠦᠡᠭᠬᠡᠨ ᠦᠨᠳᠦᠰᠦᠳᠦ ᠡᠪᠡᠰᠦ (ᠶᠡᠬᠡ ᠪᠠᠪᠠᠨᠠ)

ᠤ᠋ ᠡᠮᠦᠨ᠎ᠡ ᠪᠡᠷ ..
ᠠᠭᠤᠯᠠ ᠶᠢᠨ ᠬᠣᠷᠮᠣᠢ ᠂ ᠵᠢᠯᠠᠭ᠎ᠠ ᠂ ᠴᠢᠯᠠᠭᠤᠨ ᠵᠠᠪᠰᠠᠷ ᠂
ᠡᠯᠡᠰᠦᠨ ᠲᠣᠪᠣ ᠶᠢᠨ ᠳᠣᠣᠷᠠᠲᠤ ᠭᠠᠵᠠᠷ ᠤ᠋ᠨ ᠨᠠᠮᠤᠭ ᠂ ᠵᠠᠮ ᠤ᠋ᠨ
ᠬᠠᠵᠠᠭᠤ ᠳᠤ ᠤᠷᠭᠤᠳᠠᠭ ᠃ ᠠᠯᠲᠠᠨ ᠡᠮᠦᠯᠢ ᠪᠠᠯᠭᠠᠰᠤ ᠳᠤ
ᠲᠠᠷᠬᠠᠭᠰᠠᠨ ᠂ ᠠᠯᠲᠠᠨ ᠡᠮᠦᠯᠢ ᠪᠠᠯᠭᠠᠰᠤ ᠶᠢᠨ ᠰᠢ ᠮᠢᠶᠣᠤ ᠰᠢ
ᠵᠠᠮ ᠤ᠋ᠨ ᠬᠠᠵᠠᠭᠤ ᠳᠤ ᠵᠢᠷᠤᠭ ᠢ ᠠᠪᠪᠠ ᠃

8. 大穗花 *Pseudolysimachion dahuricum* (Stev.) Holub.

别名：大婆婆纳

玄参科，穗花属，多年生草本。生于山坡、沟谷、岩隙、沙丘低地的草甸、路边。分布于阿拉坦额莫勒镇。拍摄于阿拉坦额莫勒镇西庙西路边。

ᠬᠣᠢᠨᠠᠴᠢ
ᠡᠪᠡᠰᠦ

9. 北水苦荬 *Veronica anagallis - aquatica* L.

别名：水苦荬、珍珠草、秋麻子

玄参科，婆婆纳属，多年生草本。生于溪水边、沼泽地。药用植物。分布于克尔伦苏木。拍摄于克尔伦苏木固日班尼阿日山。

四十五、紫葳科 Bignoniaceae

角蒿 *Incarvillea sinensis* Lam.

别名：透骨草

紫葳科，角蒿属，一年生草本。生于山地、沙地、河滩、河谷、田野、摞荒地、路边、宅旁。药用植物。分布于呼伦镇、宝格德乌拉苏木。拍摄于宝格德乌拉苏木根子北路边。

ᠵᠠᠷ ᠤᠨ ᠵᠠᠩ᠃

ᠦᠯᠢᠭᠡᠷ ᠤᠨ ᠨᠤᠮ ᠤᠨ ᠬᠠᠭᠤᠴᠢᠨ᠃

ᠦᠨᠳᠦᠰᠦ ᠪᠡᠷ ᠡᠪᠡᠰᠦ ᠶᠢᠨ᠃

四十六、列当科 Orobanchaceae

1. 列当 *Orobanche coerulescens* Steph.

别名：兔子拐棍、独根草、亚北列当

列当科，列当属，二年生或多年生草本。生于固定或半固定沙丘、向阳山坡、山沟草地。药用植物。分布于呼伦镇、达赉苏木。拍摄于达赉苏木巴嘎双乌拉东。

ᠰᠢᠷ᠎ᠠ ᠴᠡᠴᠡᠭᠲᠦ ᠵᠠᠷ ᠤᠨ ᠵᠠᠩ᠃

ᠦᠨᠳᠦᠰᠦ ᠪᠡᠷ ᠡᠪᠡᠰᠦ ᠶᠢᠨ᠃

2. 黄花列当 *Orobanche pycnostachya* Hance

别名：独根草

列当科，列当属，二年生或多年生草本。生于固定或半固定沙丘、山坡、草原。药用植物。分布于阿日哈沙特镇、宝格德乌拉苏木、贝尔苏木。拍摄于阿贵洞南。

四十七、狸藻科 Lentibulariaceae

弯距狸藻 *Utricularia vulgaris* L. subsp. *macrorhiza*（Le Conte）R. T. Clausen

别名：狸藻

狸藻科、狸藻属，水生多年生食虫草本。生于河岸沼泽、湖泊、浅水中。分布于乌尔逊河岸、克尔伦河岸、乌兰泡浅水中。拍摄于克尔伦河。

四十八、车前科 Plantaginaceae

1. **盐生车前** *Plantago maritima* L. subsp. *ciliata* Printz.

车前科，车前属，多年生草本。生于盐化草甸、盐湖边缘及盐碱化湿地。分布于乌尔逊河、克尔伦河岸。拍摄于乌尔逊河边。

ᠪᠣᠷᠣᠭᠠᠨ ᠲᠠᠷᠢᠶᠠᠨ ᠤ᠂ (ᠨᠤᠲᠤᠭ ᠤᠨ ᠵᠢᠮᠢᠰ ᠦᠨ)

᠄᠄

ᠮᠣᠩᠭᠣᠯ ᠬᠢᠲᠠᠳ ᠄᠄ ᠲᠡᠷᠡ ᠲᠡᠭᠷᠢ ᠦᠨ ᠂ ᠲᠡᠷᠢᠶᠠᠨ ᠤ ᠵᠢᠮᠢᠰ ᠦᠨ ᠨᠢᠭᠡ ᠪᠤᠶᠤ ᠬᠣᠶᠠᠷ ᠨᠠᠰᠤᠲᠤ ᠡᠪᠡᠰᠦ ᠂ ᠨᠤᠲᠤᠭ ᠤᠨ ᠂ ᠪᠣᠷᠣᠭᠠᠨ ᠲᠠᠷᠢᠶᠠᠨ ᠤ ᠂ ᠵᠠᠮ ᠤ᠂ ᠬᠡᠭᠡᠷᠡ ᠂ ᠡᠮ ᠦᠨ ᠤᠷᠭᠤᠮᠠᠯ ᠂ ᠪᠦᠬᠦ ᠬᠣᠰᠢᠭᠤ ᠪᠠᠷ ᠲᠠᠷᠬᠠᠭᠰᠠᠨ ᠂

2. 平车前 *Plantago depressa* Willd.

别名：车前草、车轱辘菜、车串串

车前科，车前属，一或二年生草本。生于草甸、轻度盐化草甸，路旁、田野、居民点附近。药用植物。分布于全旗各地。拍摄于宝格德乌拉苏木根子北。

ᠵᠠᠮ ᠤᠨ ᠲᠠᠷᠢᠶᠠᠨ ᠤ᠂ (ᠨᠤᠲᠤᠭ ᠤᠨ ᠵᠢᠮᠢᠰ ᠦᠨ)

᠄᠄

ᠮᠣᠩᠭᠣᠯ ᠬᠢᠲᠠᠳ ᠄᠄ ᠲᠡᠷᠡ ᠲᠡᠭᠷᠢ ᠦᠨ ᠂ ᠲᠡᠷᠢᠶᠠᠨ ᠤ ᠂ ᠵᠢᠮᠢᠰ ᠦᠨ ᠂ ᠣᠯᠠᠨ ᠨᠠᠰᠤᠲᠤ ᠡᠪᠡᠰᠦ ᠂ ᠨᠤᠲᠤᠭ ᠤᠨ ᠂ ᠵᠢᠯᠠᠭᠠ ᠂ ᠲᠠᠷᠢᠶᠠᠨ ᠂ ᠬᠡᠭᠡᠷᠡ ᠵᠠᠮ ᠤᠨ ᠂ ᠡᠮ ᠦᠨ ᠤᠷᠭᠤᠮᠠᠯ ᠂ ᠪᠦᠬᠦ ᠬᠣᠰᠢᠭᠤ ᠪᠠᠷ ᠲᠠᠷᠬᠠᠭᠰᠠᠨ ᠂

3. 车前 *Plantago asiatica* L.

别名：大车前、车轱辘菜、车串串

车前科，车前属，多年生草本。生于草甸、沟谷、耕地、田野及路边。药用植物。分布于全旗各地。拍摄于达赍苏木乌布格德乌拉北。

ᠲᠡᠮᠡᠭᠡᠨ ᠳᠠᠪᠠᠭ᠎ᠠ (ᠵᠢᠭ᠎ᠠ)

ᠬᠦᠨᠡᠰᠦᠨ ᠤ᠄ ᠪᠠᠩᠨᠠᠬᠤ ᠪᠠ ᠡᠪᠡᠳᠴᠢᠨ ᠢ ᠠᠨᠠᠭᠠᠬᠤ ᠳᠤ ᠬᠡᠷᠡᠭᠯᠡᠨ᠎ᠡ᠃ ᠡᠪᠡᠰᠦᠯᠢᠭ ᠭᠠᠵᠠᠷ ᠤᠨ ᠲᠠᠯ᠎ᠠ᠂ ᠠᠭᠤᠯᠠ ᠶᠢᠨ ᠣᠢ ᠶᠢᠨ ᠵᠠᠬ᠎ᠠ᠂ ᠪᠤᠳᠠᠯᠢᠭ ᠭᠠᠵᠠᠷ ᠲᠤ ᠤᠷᠭᠤᠨ᠎ᠠ᠃

四十九、茜草科 Rubiaceae

1. 蓬子菜 *Galium verum* L.

别名：松叶草

茜草科，拉拉藤属，多年生草本。生于草甸草原、杂类草草甸、山地林缘及灌丛中。药用植物。分布于呼伦镇、达赉苏木、克尔伦苏木、阿日哈沙特镇、宝格德乌拉苏木。拍摄于呼伦镇都乌拉。

ᠨᠣᠬᠠᠢ ᠶᠢᠨ ᠰᠢᠳᠦ (ᠵᠢᠭ᠎ᠠ)

ᠬᠦᠨᠡᠰᠦᠨ ᠤ᠄ ᠡᠪᠡᠳᠴᠢᠨ ᠢ ᠠᠨᠠᠭᠠᠬᠤ ᠳᠤ ᠬᠡᠷᠡᠭᠯᠡᠨ᠎ᠡ᠃ ᠠᠭᠤᠯᠠ ᠶᠢᠨ ᠴᠢᠯᠠᠭᠤᠨ ᠵᠠᠪᠰᠠᠷ᠂ ᠰᠡᠭᠦᠳᠡᠷ ᠪᠡᠯ᠂ ᠵᠢᠯᠠᠭ᠎ᠠ ᠶᠢᠨ ᠴᠢᠭᠢᠭᠯᠢᠭ ᠭᠠᠵᠠᠷ ᠲᠤ ᠤᠷᠭᠤᠨ᠎ᠠ᠃

2. 拉拉藤 *Galium spurium* L.

别名：爬拉殃、猪殃殃

茜草科，拉拉藤属，一年生或二年生草本。生于山地石缝、阴坡、山谷湿地，山坡灌丛、路旁。药用植物。分布于阿日哈沙特镇阿贵洞。拍摄于阿贵洞。

ᠪᠣᠯᠠᠢ ᠄᠄

ᠡᠮ ᠦᠨ ᠨᠠᠢᠷᠠᠯᠭ᠎ᠠ ᠳᠤ ᠣᠷᠣᠳᠠᠭ ᠃ ᠪᠣᠭᠳᠠ ᠠᠭᠤᠯᠠ ᠶᠢᠨ ᠡᠪᠡᠷ ᠲᠦ ᠵᠢᠷᠤᠭ ᠢ ᠨᠢ ᠠᠪᠤᠪᠠ ᠃

ᠠᠭᠤᠯᠠᠷᠬᠠᠭ ᠣᠢ ᠶᠢᠨ ᠳᠣᠣᠷ᠎ᠠ ᠂ ᠣᠢ ᠶᠢᠨ ᠬᠥᠪᠡᠭᠡ ᠂ ᠵᠠᠮ ᠤᠨ ᠬᠠᠵᠠᠭᠤ ᠶᠢᠨ ᠡᠪᠡᠰᠦᠯᠢᠭ ᠲᠦ ᠤᠷᠭᠤᠳᠠᠭ ᠃

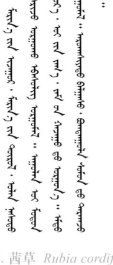

3. 茜草　*Rubia cordifolia* L.

别名：红丝线、粘粘草

茜草科，茜草属，多年生攀援草本。生于山地林下，林缘、路旁草丛。药用植物。分布于宝格德乌拉苏木、阿日哈沙特镇。拍摄于宝格德乌拉山下。

ᠠᠭᠤᠯᠠ ᠶᠢᠨ ᠵᠢᠯᠠᠭ᠎ᠠ ᠂ ᠠᠭᠤᠯᠠᠷᠬᠠᠭ ᠣᠢ ᠶᠢᠨ ᠳᠣᠣᠷ᠎ᠠ ᠂ ᠨᠠᠭᠤᠷ ᠤᠨ ᠬᠥᠪᠡᠭᠡᠨ ᠦ ᠬᠠᠳᠠᠨ ᠬᠠᠨ᠎ᠠ ᠂ ᠡᠯᠡᠰᠦᠨ ᠳᠣᠪᠤ ᠶᠢᠨ ᠪᠤᠳᠠᠯᠢᠭ ᠤᠨ ᠳᠣᠣᠷ᠎ᠠ ᠪᠠ ᠭᠣᠣᠯ ᠤᠨ ᠡᠪᠡᠰᠦᠯᠢᠭ ᠭᠠᠵᠠᠷ ᠲᠤ ᠤᠷᠭᠤᠳᠠᠭ ᠃

4. 披针叶茜草　*Rubia lanceolata* Hayata

茜草科，茜草属，多年生草本。生于山沟、山地林下、湖岸石壁、沙丘灌丛下与河滩草地。分布于达赉苏木、阿日哈沙特镇。拍摄于阿贵洞。

ᠬᠣᠰᠢᠭᠤᠨ ᠤ ᠴᠡᠴᠡᠭ (ᠵᠢ)

五十、忍冬科 Caprifoliaceae

接骨木 *Sambucus williamsii* Hance

别名：野杨树、马尿烧、钩齿接骨木、朝鲜接骨木、宽叶接骨木

忍冬科，接骨木属，灌木。生于山地灌丛、林缘、山麓。药用植物。嫩叶可食。分布于达赉苏木、阿日哈沙特镇阿贵洞山上。拍摄于阿贵洞山上。

五十一、败酱科 Valerianaceae

西伯利亚败酱 *Patrinia sibirica* (L.) Juss.

败酱科，败酱属，多年生矮小草本。生于山地砾石质坡地，岩石露头的石隙中。观赏植物。分布于呼伦镇。拍摄于呼伦镇查干陶勒盖。

ᠵᠠᠭᠤᠨ ᠤ ᠴᠡᠴᠡᠭ

ᠨᠠᠷᠢᠮᠠᠯ ᠨᠠᠪᠴᠢᠳᠦ
ᠬᠥᠬᠡ ᠲᠡᠪᠰᠢᠨ ᠴᠡᠴᠡᠭ ᠦᠨ
ᠢᠵᠠᠭᠤᠷ ᠤᠨ ᠣᠯᠠᠨ ᠨᠠᠰᠤᠲᠤ
ᠡᠪᠡᠰᠦ᠃ ᠡᠯᠡᠰᠦᠲᠦ ᠭᠠᠵᠠᠷ᠂
ᠡᠯᠡᠰᠦᠯᠢᠭ ᠲᠠᠯ᠎ᠠ ᠳᠤ ᠤᠷᠭᠤᠨ᠎ᠠ᠃
ᠡᠮ ᠦᠨ ᠤᠷᠭᠤᠮᠠᠯ᠃
ᠦᠵᠡᠮᠵᠢ ᠶᠢᠨ ᠤᠷᠭᠤᠮᠠᠯ᠃

五十二、川续断科（山萝卜科）Dipsacaceae

1. 窄叶蓝盆花 *Scabiosa comosa* Fisch. ex Roem. et Schult.

川续断科，蓝盆花属，多年生草本。生于沙地与沙质草原。药用植物。观赏植物。分布于呼伦镇、阿日哈沙特镇、达赉苏木。拍摄于达赉苏木伊和双乌拉南。

ᠬᠠᠲᠠᠳ ᠤᠨ ᠬᠥᠬᠡ ᠲᠡᠪᠰᠢ ᠴᠡᠴᠡᠭ

ᠬᠥᠬᠡ ᠲᠡᠪᠰᠢ ᠴᠡᠴᠡᠭ ᠦᠨ ᠤᠷᠤᠭ ᠤᠨ᠂
ᠤᠯᠠᠨ ᠨᠠᠰᠤᠲᠤ ᠡᠪᠡᠰᠦ᠃ ᠡᠯᠡᠰᠦᠯᠢᠭ
ᠲᠠᠯ᠎ᠠ᠂ ᠵᠢᠱᠢᠶᠡᠲᠦ ᠲᠠᠯ᠎ᠠ᠂ ᠪᠣᠯᠤᠨ
ᠨᠤᠭᠤᠭ᠎ᠠ ᠲᠠᠯ᠎ᠠ ᠶᠢᠨ ᠪᠦᠯᠬᠦᠮ ᠳᠦ
ᠤᠷᠭᠤᠨ᠎ᠠ᠃ ᠡᠮ ᠦᠨ ᠤᠷᠭᠤᠮᠠᠯ᠃
ᠦᠵᠡᠮᠵᠢ ᠶᠢᠨ ᠤᠷᠭᠤᠮᠠᠯ᠃

2. 华北蓝盆花 *Scabiosa tschiliensis* Grunning

川续断科，蓝盆花属，多年生草本。生于沙质草原、典型草原及草甸草原群落中。药用植物。观赏植物。分布于阿日哈沙特镇、呼伦镇、达赉苏木。拍摄于达赉苏木伊和双乌拉南。

ᠬᠠᠪᠲᠠᠭᠠᠢ ᠨᠠᠪᠴᠢᠲᠤ ᠬᠣᠩᠬᠤ

ᠡᠨᠡ ᠵᠦᠢᠯ ᠪᠣᠯ ᠬᠣᠩᠬᠤ ᠢᠢᠨ ᠣᠪᠤᠭ ᠤᠨ ᠪᠠᠶᠢᠵᠤ ᠂ ᠣᠯᠠᠨ ᠨᠠᠰᠤᠲᠤ ᠡᠪᠡᠰᠦ ᠪᠣᠯᠤᠨ᠎ᠠ ᠃ ᠠᠭᠤᠯᠠ ᠢᠢᠨ ᠣᠢ ᠢᠢᠨ ᠬᠦᠪᠡᠭᠡ ᠂ ᠠᠭᠤᠯᠠ ᠢᠢᠨ ᠲᠠᠯ᠎ᠠ ᠨᠤᠲᠤᠭ ᠪᠣᠯᠤᠨ ᠨᠤᠭᠤ ᠲᠠᠯ᠎ᠠ ᠳᠤ ᠤᠷᠭᠤᠨ᠎ᠠ ᠃

五十三、桔梗科 Campanulaceae

1. 狭叶沙参 *Adenophora gmelinii* (Beihler) Fisch.

桔梗科，沙参属，多年生草本。生于山地林缘、山地草原及草甸草原。分布于呼伦镇、阿日哈沙特镇、达赉苏木。拍摄于呼伦镇查干陶勒盖。

ᠨᠠᠷᠢᠨ ᠨᠠᠪᠴᠢᠲᠤ ᠬᠣᠩᠬᠤ

ᠡᠨᠡ ᠵᠦᠢᠯ ᠪᠣᠯ ᠬᠣᠩᠬᠤ ᠢᠢᠨ ᠣᠪᠤᠭ ᠤᠨ ᠪᠠᠶᠢᠵᠤ ᠂ ᠣᠯᠠᠨ ᠨᠠᠰᠤᠲᠤ ᠡᠪᠡᠰᠦ ᠪᠣᠯᠤᠨ᠎ᠠ ᠃ ᠠᠭᠤᠯᠠ ᠢᠢᠨ ᠨᠤᠭᠤ ᠲᠠᠯ᠎ᠠ ᠨᠤᠲᠤᠭ ᠂ ᠵᠢᠯᠠᠭ᠎ᠠ ᠢᠢᠨ ᠨᠤᠭᠤ ᠂ ᠪᠤᠲᠠᠯᠢᠭ ᠂ ᠴᠢᠯᠠᠭᠤᠯᠢᠭ ᠳᠣᠪᠣ ᠂ ᠵᠠᠭᠪᠤᠷ ᠤᠨ ᠲᠠᠯ᠎ᠠ ᠨᠤᠲᠤᠭ ᠪᠣᠯᠤᠨ ᠡᠯᠡᠰᠦᠨ ᠳᠣᠪᠣ ᠳᠤ ᠤᠷᠭᠤᠨ᠎ᠠ ᠃

2. 长柱沙参 *Adenophora stenanthina* (Ledeb.) Kitag.

桔梗科，沙参属，多年生草本。生于山地草甸草原、沟谷草甸、灌丛、石质丘陵、典型草原及沙丘上。分布于呼伦镇、阿日哈沙特镇、达赉苏木、宝格德乌拉苏木。拍摄于宝格德乌拉山沟。

3. 皱叶沙参 *Adenophora stenanthina* (Ledeb.) Kitag. var. *crispata* (Korsh.) Y. Z. Zhao

桔梗科，沙参属，多年生草本。生于山坡草地、沟谷、撂荒地。分布于阿日哈沙特镇、达赉苏木。拍摄于达赉苏木伊和双乌拉南。

4. 丘沙参 *Adenophora stenanthina* (Ledeb.) Kitag. var. *collina* (Kitag.) Y. Z. Zhao

桔梗科，沙参属，多年生草本。生于山坡。分布于达赉苏木。拍摄于达赉苏木伊和双乌拉南。

ᠬᠥᠬᠡ ᠬᠣᠩᠬᠣᠯᠠᠢ

ᠬᠥᠬᠡᠩ ᠣᠪᠣᠭ᠎ᠠ ᠶᠢᠨ ᠡᠪᠡᠰᠦ ᠃᠃ ᠣᠯᠠᠨ ᠵᠢᠯ ᠤᠨ ᠡᠪᠡᠰᠦᠯᠢᠭ ᠤᠷᠭᠤᠮᠠᠯ ᠃᠃ ᠠᠭᠤᠯᠠ ᠶᠢᠨ ᠣᠢ ᠶᠢᠨ ᠬᠥᠪᠡᠭᠡ᠂ ᠰᠥᠭᠡᠭ ᠪᠤᠲᠠ᠂ ᠵᠢᠯᠠᠭ᠎ᠠ ᠶᠢᠨ ᠨᠤᠭᠤ ᠳᠤ ᠤᠷᠭᠤᠨ᠎ᠠ ᠃᠃ ᠳᠠᠯᠠᠢ ᠰᠤᠮᠤ ᠳᠤ ᠲᠠᠷᠬᠠᠨ᠎ᠠ ᠃᠃ ᠳᠠᠯᠠᠢ ᠰᠤᠮᠤ ᠶᠢᠨ ᠬᠠᠢᠷ ᠬᠠᠨ ᠠᠭᠤᠯᠠ ᠶᠢᠨ

5. 紫沙参 *Adenophora paniculata* Nannf.

桔梗科，沙参属，多年生草本。生于山地林缘、灌丛、沟谷草甸。分布于达赉苏木。拍摄于达赉苏木海日罕乌拉东。

ᠲᠠᠯ᠎ᠠ ᠶᠢᠨ ᠬᠣᠩᠬᠣᠯᠠᠢ

ᠬᠥᠬᠡ ᠶᠢᠨ ᠣᠪᠣᠭ᠎ᠠ ᠶᠢᠨ ᠡᠪᠡᠰᠦ ᠃᠃ ᠣᠯᠠᠨ ᠵᠢᠯ ᠤᠨ ᠡᠪᠡᠰᠦᠯᠢᠭ ᠤᠷᠭᠤᠮᠠᠯ ᠃᠃ ᠴᠢᠭᠢᠭᠯᠢᠭ ᠨᠤᠭᠤ᠂ ᠭᠣᠣᠯ ᠤᠨ ᠬᠥᠪᠡᠭᠡᠨ ᠤ ᠨᠤᠭᠤ ᠳᠤ ᠤᠷᠭᠤᠨ᠎ᠠ ᠃᠃ ᠳᠠᠯᠠᠢ ᠰᠤᠮᠤ ᠳᠤ ᠲᠠᠷᠬᠠᠨ᠎ᠠ ᠃᠃ ᠳᠠᠯᠠᠢ ᠰᠤᠮᠤ ᠶᠢᠨ ᠡᠾ ᠰᠤᠸᠠᠩ ᠤᠯᠠ ᠶᠢᠨ

6. 草原沙参 *Adenophora pratensis* Y. Z. Zhao

桔梗科，沙参属，多年生草本。生于潮湿草甸、河滩草甸。分布于达赉苏木。拍摄于达赉苏木伊和双乌拉南。

ᠳ᠋ᠣᠲᠣᠷᠠᠬᠢ ᠴᠡᠴᠡᠭ

五十四、菊科 Compositae

1. 全叶马兰 *Kalimeris integrifolia* Turcz. ex DC.

别名：野粉团花、全叶鸡儿肠

菊科，马兰属，多年生草本。生于山地林缘、草甸草原、河岸、沙质草地、固定沙丘或路边。观赏植物。分布于阿拉坦额莫勒镇北路旁。拍摄于阿拉坦额莫勒镇北路旁。

ᠠᠯᠲᠠᠢ ᠶ᠋ᠢᠨ ᠭᠥᠪᠥᠭᠡᠯᠵᠢ

2. 阿尔泰狗娃花 *Heteropappus altaicus* (Willd.) Novopokr.

别名：阿尔泰紫菀、多叶阿尔泰狗娃花

菊科，狗娃花属，多年生草本。生于干草原与草甸草原。也生于山地、丘陵坡地、沙质地、路旁、村舍附近。药用植物。开花前，山羊、绵羊和骆驼喜食，干枯后各种家畜均采食。分布于全旗各地。拍摄于达赉苏木乌布格德乌拉北。

3. 莎菀 *Arctogeron gramineum* （L.）DC.

别名：禾矮翁

菊科，莎菀属，多年生草本。生于石质山地、丘陵坡地。分布于全旗各地。拍摄于阿拉坦额莫勒镇雷达山北。

4. 碱菀 *Tripolium pannonicum* （Jacq.）Dobr.

别名：金盏菜、铁杆蒿、灯笼花

菊科，碱菀属，一年生草本。生于湖边、沼泽及盐碱地。分布于阿拉坦额莫勒镇、宝格德乌拉苏木、呼伦湖边。拍摄于阿拉坦额莫勒镇克尔伦桥边。

ᠡᠮ ᠦᠨ ᠤᠷᠭᠤᠮᠠᠯ ᠃

ᠲᠡᠮᠡᠭᠡᠨ

ᠰᠡᠭᠦᠯ

5. 飞蓬 *Erigeron acer* L.

别名：北飞蓬

菊科，飞蓬属，二年生
草本。生于山地林缘、低地
草甸、河岸沙质地、田边。
分布于阿拉坦额莫勒镇。拍
摄于克尔伦桥下。

ᠴᠠᠭᠠᠨ
ᠲᠥᠯᠥᠭᠡᠢ
（ᠴᠠᠭᠠᠨ ᠲᠣᠯᠣᠭᠠᠢ ）

6. 火绒草 *Leontopodium leontopdioides* (willd.) Beauv.

别名：火绒蒿、老头草、老头艾、薄雪草

菊科，火绒草属，多年生草本。生于典型草原、山地草原及草原沙质地。药用植
物。分布于呼伦镇、阿日哈沙特镇、达赉苏木。拍摄于达赉苏木伊和双乌拉。

ᠵᠤᠯᠠ ᠶᠢᠨ ᠴᠡᠴᠡᠭ

7. 绢茸火绒草 *Leontopodium smithianum* Hand. - Mazz.

菊科，火绒草属，多年生草本。生于山地草原及山地灌丛。分布于呼伦镇。拍摄于呼伦镇都乌拉山下。

ᠵᠢᠭᠠᠰᠤ ᠶᠢᠨ ᠰᠦᠢᠬᠡ ᠡᠪᠡᠰᠤ

8. 欧亚旋覆花 *Inula britannica* L.

别名：旋覆花、大花旋覆花、金沸草、棉毛旋覆花

菊科，旋覆花属，多年生草本。生于草甸、农田、地埂和路旁。药用植物。分布于阿拉坦额莫勒镇、达赉苏木。拍摄于阿拉坦额莫勒镇西庙。

ᠵᠢᠷᠭᠠᠯᠠᠩ ᠴᠡᠴᠡᠭ

ᠪᠦᠷᠢᠳᠭᠡᠯ ᠦᠨ ᠡᠮᠴᠢᠯᠡᠭᠡᠨ ᠦ ᠴᠡᠴᠡᠭ ᠪᠣᠯᠤᠨ᠎ᠠ᠃ ᠡᠨᠡ ᠨᠢ ᠲᠠᠯ᠎ᠠ᠂ ᠲᠠᠷᠢᠶᠠᠨ ᠭᠠᠵᠠᠷ᠂ ᠵᠠᠮ ᠤᠨ ᠬᠠᠵᠠᠭᠤ ᠳᠤ ᠤᠷᠭᠤᠨ᠎ᠠ᠃

9. 旋覆花 *Inula japonica* Thunb.

别名：少花旋覆花

菊科，旋覆花属，多年生草本。生于草甸、农田、地埂和路旁。分布于阿拉坦额莫勒镇、宝格德乌拉苏木。拍摄于阿拉坦额莫勒镇。

ᠬᠣᠨᠣᠭ ᠤᠨ ᠴᠡᠴᠡᠭ

ᠪᠦᠷᠢᠳᠭᠡᠯ ᠦᠨ ᠡᠮᠴᠢᠯᠡᠭᠡᠨ ᠦ ᠴᠡᠴᠡᠭ ᠪᠣᠯᠤᠨ᠎ᠠ᠃

10. 苍耳 *Xanthium strumarium* L.

别名：菜耳、苍耳子、老苍子、刺儿猫

菊科，苍耳属，一年生草本。生于田野、路边。药用植物。种子可榨油。分布于全旗各地。拍摄于阿拉坦额莫勒镇南路边。

ᠬᠥᠬᠡ
ᠬᠣᠩᠬᠣ

（蒙古文竖排文字）

11. 蒙古苍耳 *Xanthium mongolicum* Kitag.

菊科，苍耳属，一年生草本。生于山地及丘陵的砾石质坡地、沙地和田野。药用植物。种子可榨油。分布于阿日哈沙特镇、阿拉坦额莫勒镇、达赉苏木、宝格德乌拉苏木。拍摄于阿拉坦额莫勒镇西南。

12. 狼杷草 *Bidens tripartita* L.

别名：鬼针、小鬼叉

菊科，鬼针草属，一年生草本。生于路边及低湿滩地。药用植物。分布于阿日哈沙特镇、乌尔逊河边。拍摄于阿贵洞。

ᠮᠤᠩᠭᠤᠯ ᠨᠡᠷ᠎ᠡ᠄ ᠪᠢᠴᠢᠬᠠᠨ

13. 小花鬼针草 *Bidens parviflora* Willd.

别名：一包针

菊科，鬼针草属，一年生草本。生于田野、路旁、沟渠边。药用植物。分布于阿日哈沙特镇、阿拉坦额莫勒镇、达赉苏木。拍摄于阿贵洞。

ᠨᠠᠷᠠᠨ ᠴᠡᠴᠡᠭ

14. 细叶菊 *Chrysanthemum maximowiczii* Kom.

菊科，菊属，二年生草本。生长于山坡灌丛中。分布于呼伦镇、达赉苏木。拍摄于达赉苏木伊和双乌拉南。

15. 蓍状亚菊 *Ajania achilloides* （Turcz.） Poljak. ex Grub.

别名：蓍状艾菊

菊科，亚菊属，小半灌木，生于低山碎石和石质坡地、石质残丘。绵羊、山羊和骆驼终年喜食，春季与秋季马、牛喜食或乐食。分布于克尔伦苏木。拍摄于克尔伦苏木巴嘎哈拉金。

16. 线叶菊 *Filifolium sibiricum* （L.） Kitam.

菊科，线叶菊属，多年生草本。生于低山丘陵坡地的上部及顶部。分布于呼伦镇、阿日哈沙特镇、达赉苏木、克尔伦苏木、宝格德乌拉苏木。拍摄于宝格德乌拉山。

ᠰᠠᠷᠢᠮᠰᠠᠭ᠃

17. 大籽蒿 *Artemisia sieversiana* Ehrhart ex Willd.

别名：白蒿

菊科，蒿属，一年生或二年生草本。生于农田、路旁、畜群点或水分较好的撂荒地上。药用植物。分布于全旗各地。拍摄于阿拉坦额莫勒镇西庙。

18. 碱蒿 *Artemisia anethifolia* Web. ex Stechm.

别名：大莳萝蒿、糜糜蒿

菊科，蒿属，一年生或二年生草本。生于盐渍化土壤上。分布于全旗各地。拍摄于克尔伦苏木呼乌拉北。

ᠮᠤᠩᠭᠤᠯ ᠴᠠᠭᠠᠨ

ᠪᠤᠷᠤ ᠂ ᠡᠪᠡᠰᠤ ᠂ ᠨᠢᠭᠡ ᠨᠠᠰᠤ ᠪᠤᠶᠤ ᠬᠤᠶᠠᠷ
ᠨᠠᠰᠤᠲᠤ ᠡᠪᠡᠰᠤᠯᠢᠭ ᠤᠷᠭᠤᠮᠠᠯ ᠃ ᠬᠤᠵᠢᠷᠯᠢᠭ ᠂
ᠬᠤᠵᠢᠷᠵᠢᠭᠰᠠᠨ ᠰᠢᠷᠤᠢ ᠲᠠᠢ ᠭᠠᠵᠠᠷ ᠤᠷᠭᠤᠨᠠ ᠃
ᠠᠯᠲᠠᠨ ᠡᠮᠡᠯ ᠪᠠᠯᠭᠠᠰᠤ ᠂ ᠬᠡᠷᠦᠯᠦᠨ ᠰᠤᠮᠤ ᠂
ᠬᠥᠯᠥᠨ ᠨᠠᠭᠤᠷ ᠤᠨ

19. 莳萝蒿 *Artemisia anethoides* Mattf.

菊科，蒿属，一年生或二年生草本。生于盐土、盐碱化的土壤上。分布于阿拉坦额莫勒镇、克尔伦苏木、呼伦湖岸。拍摄于阿拉坦额莫勒镇巴彦陶日木西。

20. 冷蒿 *Artemisia frigida* Willd.

别名：小白蒿、兔毛蒿

菊科，蒿属，多年生草本。广布于典型草原带、荒漠草原带、森林草原、荒漠、多生于沙质、砂砾质、砾石质土壤上。药用植物。羊和马四季均喜食其枝叶。分布于全旗各地。拍摄于贝尔苏木莫农塔拉。

ᠨᠣᠭᠣᠭᠠᠨ ᠰᠢᠷᠭᠠᠯ ᠡᠪᠡᠰᠦ

21. 紫花冷蒿 *Artemisia frigida* Willd. var. *atropurpurea* Pamp.

菊科，蒿属，多年生草本。广布于典型草原带、荒漠草原带、森林草原、荒漠、多生于沙质、砂砾质、砾石质土壤上。分布于阿拉坦额莫勒镇、呼伦镇。拍摄于呼伦镇都乌拉东。

ᠥᠷᠭᠡᠨ ᠨᠠᠪᠴᠢᠲᠦ

22. 宽叶蒿 *Artemisia latifolia* Ledeb.

菊科，蒿属，多年生草本。生于山地林缘、林下、灌丛。分布于呼伦镇。拍摄于呼伦镇准巴乌拉。

ᠮᠣᠩᠭᠣᠯ ᠬᠡᠯᠡᠨ

23. 裂叶蒿 *Artemisia tanacetifolia* L.

别名：菊叶蒿

菊科，蒿属，多年生草本。生于山地草甸、草甸草原、山地草原、林缘、灌丛。分布于旗北部草场。拍摄于成吉思汗边堡北希林浩来音乌拉。

24. 白莲蒿 *Artemisia gmelinii* Web. ex Stechm.

别名：万年蒿、铁秆蒿

菊科，蒿属，半灌木状草本。生于山坡、灌丛。分布于全旗各地。拍摄于呼伦镇都乌拉。

ᠨᠢᠭᠲᠠ᠂ ᠦᠰᠦᠲᠦ ᠴᠠᠭᠠᠨ ᠱᠠᠷᠢᠯᠵᠢ ᠂ ᠨᠠᠢᠷᠠᠯᠳᠤ ᠴᠡᠴᠡᠭᠲᠦ ᠤ ᠢᠵᠠᠭᠤᠷ ᠤ ᠱᠠᠷᠢᠯᠵᠢ ᠤ ᠲᠦᠷᠦᠯ ᠂ ᠬᠠᠭᠠᠰ ᠪᠤᠲᠠᠯᠢᠭ ᠡᠪᠡᠰᠦᠯᠢᠭ ᠤᠷᠭᠤᠮᠠᠯ ᠃

25. 密毛白莲蒿 *Artemisia gmelinii* Web. ex Stechm. var. *messerschmidtiana* (Bess.) Pojak.

别名：白万年蒿

菊科，蒿属，半灌木状草本。生于山坡、丘陵及路旁。分布于宝格德乌拉苏木。拍摄于宝格德乌拉山。

ᠨᠠᠢᠷᠠᠯᠳᠤ ᠴᠡᠴᠡᠭᠲᠦ ᠤ ᠢᠵᠠᠭᠤᠷ ᠤ ᠱᠠᠷᠢᠯᠵᠢ ᠤ ᠲᠦᠷᠦᠯ ᠂ ᠬᠠᠭᠠᠰ ᠪᠤᠲᠠᠯᠢᠭ ᠡᠪᠡᠰᠦᠯᠢᠭ ᠤᠷᠭᠤᠮᠠᠯ ᠃

26. 灰莲蒿 *Artemisia gmelinii* Web. ex Stechm. var. *incana* (Bess.) H. C. Fu

菊科，蒿属，半灌木状草本。生于山坡、丘陵坡地。分布于阿日哈沙特镇。拍摄于阿日哈沙特镇东。

ᠢᠰᠬᠡᠯᠵᠢᠨ ᠬᠤᠷᠥᠩᠷᠢ ᠶᠢᠨ ᠡᠪᠡᠰᠦ ᠃ ᠨᠠᠰᠤᠨ ᠤᠷᠭᠤᠮᠠᠯ ᠃ ᠡᠪᠡᠳᠴᠢᠨ ᠦ ᠡᠮ ᠪᠣᠯᠬᠤ ᠤᠷᠭᠤᠮᠠᠯ ᠃ ᠠᠯᠲᠠᠨ ᠡᠮᠥᠯ ᠪᠠᠯᠭᠠᠰᠤ ᠂ ᠳᠠᠭᠤᠯᠢ ᠰᠤᠮᠤ ᠂ ᠬᠡᠷᠦᠯᠦᠨ ᠰᠤᠮᠤ ᠪᠠᠷ ᠲᠠᠷᠬᠠᠨ᠎ᠠ ᠃

27. 黄花蒿 *Artemisia annua* L.

别名：臭黄蒿

菊科，蒿属，一年生草本。生于河边、沟谷、居民点附近。药用植物。分布于阿拉坦额莫勒镇、达赉苏木、克尔伦苏木。拍摄于阿拉坦额莫勒镇克尔伦桥南。

ᠬᠠᠷ᠎ᠠ ᠱᠠᠷᠢᠯᠵᠢ ᠶᠢᠨ ᠡᠪᠡᠰᠦ ᠃ ᠨᠠᠰᠤᠨ ᠤᠷᠭᠤᠮᠠᠯ ᠃ ᠠᠯᠲᠠᠨ ᠡᠮᠥᠯ ᠪᠠᠯᠭᠠᠰᠤ ᠂ ᠪᠡᠭᠡᠷ ᠰᠤᠮᠤ ᠂ ᠬᠥᠯᠦᠨ ᠨᠠᠭᠤᠷ ᠤᠨ ᠡᠷᠭᠢ ᠪᠡᠷ ᠲᠠᠷᠬᠠᠨ᠎ᠠ ᠃

28. 黑蒿 *Artemisia palustris* L.

别名：沼泽蒿

菊科，蒿属，一年生草本。生于河岸、低湿沙地。分布于阿拉坦额莫勒镇、贝尔苏木、呼伦湖岸。拍摄于阿拉坦额莫勒镇克尔伦桥南。

ᠲᠣᠯᠤᠭᠠᠶ ᠡᠪᠡᠰᠦ

ᠲᠣᠲᠣᠷᠠ ᠳᠤ ᠪᠠᠨ ᠪᠤᠳᠠᠯᠢᠭ ᠡᠪᠡᠰᠦ ᠪᠣᠯᠤᠨ᠎ᠠ᠃ ᠪᠠᠭ᠎ᠠ ᠨᠢᠭᠡ ᠬᠡᠮᠵᠢᠶᠡᠨ ᠤ ᠬᠣᠵᠢᠷᠯᠢᠭ ᠰᠢᠷᠦᠢ ᠲᠡᠢ ᠭᠠᠵᠠᠷ ᠲᠤ ᠤᠷᠭᠤᠨ᠎ᠠ᠃ ᠬᠣᠰᠢᠭᠤᠨ ᠤ ᠡᠯ᠎ᠡ ᠭᠠᠵᠠᠷ ᠲᠤ ᠲᠠᠷᠬᠠᠨ᠎ᠠ᠃

29. 丝裂蒿 *Artemisia adamsii* Bess.

别名：丝叶蒿、阿氏蒿、东北丝裂蒿

菊科，蒿属，多年生或半灌木状草本。生于轻度盐碱化的土壤上。分布于全旗各地。拍摄于荣达矿东。

ᠰᠢᠭᠦᠷᠭᠡᠨ᠎ᠡ

ᠪᠠᠷ ᠠᠯᠲᠠᠨ ᠡᠮᠦᠨᠡᠯᠡᠬᠦ ᠪᠠᠯᠭᠠᠰᠤ᠂ ᠬᠡᠷᠦᠯᠦᠨ ᠰᠤᠮᠤ᠂ ᠳᠠᠴᠢᠨ ᠰᠤᠮᠤ ᠵᠡᠷᠭᠡ ᠭᠠᠵᠠᠷ ᠲᠤ ᠲᠠᠷᠬᠠᠨ᠎ᠠ᠃ ᠳᠠᠴᠢᠨ ᠰᠤᠮᠤ ᠶᠢᠨ ᠵᠠᠬᠠᠶᠢᠨ ᠳᠤᠯᠠᠭᠠᠨ ᠳᠣ᠊ᠷᠢᠨᠠᠮ ᠳᠤ ᠳᠠᠷᠠᠭᠤᠯᠤᠭᠰᠠᠨ᠃

30. 艾 *Artemisia argyi* H. Levl. et Van.

别名：艾蒿、家艾

菊科，蒿属，多年生草本。生于森林草原、耕地、路边、村舍附近、林缘、林下、灌丛间。药用植物。分布于阿拉坦额莫勒镇、克尔伦苏木、达赉苏木。拍摄于达赉苏木扎哈音温都日南。

ᠬᠣᠯᠠᠭᠠᠨ ᠤ ᠱᠠᠷᠢᠯᠵᠢ

31. 野艾蒿 *Artemisia lavandulaefolia* DC.

别名：荫地蒿、野艾

菊科，蒿属，多年生草本。生于山地林缘、灌丛、河湖滨草甸、农田、路旁、村庄附近。分布于阿拉坦额莫勒镇。拍摄于阿拉坦额莫勒镇西庙。

32. 蒙古蒿 *Artemisia mongolica* (Fisch. ex Bess.) Nakai

菊科，蒿属，多年生草本。生于林下、林缘、沙地、河谷、撂荒地、耕地、路边、草甸。药用植物。分布于全旗各地。拍摄于阿拉坦额莫勒镇西庙。

ᠪᠤᠷᠭᠠᠰᠤ ᠰᠢᠭᠡᠷᠭ᠎ᠡ

33. 红足蒿 *Artemisia rubripes* Nakai

别名：大狭叶蒿

菊科，蒿属，多年生草本。生于山地林缘、灌丛、山坡、沙地、农田、路旁。分布于阿拉坦额莫勒镇。拍摄于阿拉坦额莫勒镇西庙。

ᠬᠠᠷᠠᠭᠠᠨ᠎ᠠ ᠰᠢᠭᠡᠷᠭ᠎ᠡ

34. 龙蒿 *Artemisia dracunculus* L.

别名：狭叶青蒿

菊科，蒿属，半灌木状草本。生于砂质和疏松的砂壤质土壤上、撂荒地、村舍、路边。分布于全旗各地。拍摄于宝格德乌拉苏木根子北路边。

35. 差不嘎蒿 *Artemisia halodendron* Turcz. ex Bess.

别名：盐蒿、沙蒿

菊科，蒿属，半灌木。生于固定或半固定沙丘和沙地。水土保持植物。分布于宝格德乌拉苏木沙地。拍摄于宝格德乌拉沙地。

36. 光沙蒿 *Artemisia oxycephala* Kitag.

菊科，蒿属，半灌木。生于沙丘、沙地、覆沙高平原上。分布于贝尔苏木。拍摄于贝尔苏木莫农塔拉。

ᠨᠣᠭᠤᠭᠠᠨ ᠰᠢᠷᠠᠯᠵᠢ ᠱᠠᠷᠢᠯᠵᠢ

37. 柔毛蒿 *Artemisia pubescens* Ledeb.

别名：变蒿、立沙蒿

菊科，蒿属，多年生草本。生于山坡、林缘灌丛、草地、沙质地。分布于呼伦镇、阿日哈沙特镇、贝尔苏木、克尔伦苏木。拍摄于贝尔苏木莫农塔拉。

ᠰᠢᠷᠠᠯᠵᠢ

38. 猪毛蒿 *Artemisia scoparia* Waldst. et Kit.

别名：米蒿、黄蒿、臭蒿、东北茵陈蒿

菊科，蒿属，多年生或近一、二年生草本。生于沙质土壤上。一般家畜均喜食。分布于全旗各地。拍摄于贝尔苏木莫农塔拉。

ᠮᠠᠨᠵᠤ ᠰᠢᠷᠠᠯᠵᠢ

39. 东北牡蒿 *Artemisia manshurica* (Kom.) Kom.

菊科，蒿属，多年生草本。生长于山地林缘、林下、灌丛间。分布于呼伦镇。拍摄于呼伦镇都乌拉西北。

40. 东北绢蒿 *Seriphidium finitum* (Kitag.) Y. Ling et Y. R. Ling

别名：东北蛔蒿

菊科，绢蒿属，半灌木状草本。生于砂砾质或砾石质土壤上、盐碱化湖边草甸。分布于阿拉坦额莫勒镇、阿日哈沙特镇、克尔伦苏木。拍摄于克尔伦苏木呼乌拉北。

ᠮᠣᠵᠢ ᠶᠢᠨ

ᠡᠨᠡ ᠡᠪᠡᠰᠦ ᠪᠣᠯ ᠲᠣᠰᠤᠯᠢᠭ ᠪᠣᠶᠤ ᠨᠠᠭᠠᠯᠳᠠ ᠲᠠᠢ ᠰᠢᠷᠤᠢ ᠳᠤ ᠤᠷᠭᠤᠳᠠᠭ᠃ ᠡᠮ ᠤᠨ ᠤᠷᠭᠤᠮᠠᠯ᠃ ᠦᠷᠡ ᠶᠢ ᠨᠢ ᠢᠳᠡᠵᠦ ᠪᠣᠯᠤᠨᠠ᠃ ᠠᠯᠠᠲᠠᠨ ᠡᠮᠤᠯ ᠪᠠᠯᠭᠠᠰᠤ᠂ ᠬᠡᠷᠤᠯᠤᠨ ᠰᠤᠮᠤ᠂ ᠳᠠᠯᠠᠢ ᠰᠤᠮᠤ᠂ ᠪᠣᠭᠳᠠ ᠠᠭᠤᠯᠠ ᠰᠤᠮᠤ ᠪᠠᠷ ᠲᠠᠷᠬᠠᠨᠠ᠃

41. 栉 [zhì] 叶蒿 *Neopallasia Pectinata* (Pall.) Poljak.

别名：蓖齿蒿

菊科，栉叶蒿属，一年生或二年生草本。生长在壤质或黏壤质的土壤上。药用植物。种子可食用。分布于阿拉坦额莫勒镇、克尔伦苏木、达赉苏木、宝格德乌拉苏木。拍摄于阿拉坦额莫勒镇南迎宾亭旁。

ᠨᠣᠬᠠᠢ ᠬᠡᠯᠡ

ᠡᠨᠡ ᠡᠪᠡᠰᠦ ᠪᠣᠯ ᠤᠯᠠᠮᠵᠢᠯᠠᠯᠲᠤ ᠬᠡᠭᠡᠷᠡ᠂ ᠨᠣᠭᠤᠭᠠᠨ ᠬᠡᠭᠡᠷᠡ᠂ ᠠᠭᠤᠯᠠ ᠶᠢᠨ ᠣᠢ ᠶᠢᠨ ᠬᠥᠪᠡᠭᠡ ᠪᠡᠷ ᠤᠷᠭᠤᠳᠠᠭ᠃ ᠬᠤᠰᠢᠭᠤᠨ ᠤ ᠤᠮᠠᠷᠠᠲᠤ ᠬᠡᠰᠡᠭ ᠤᠨ ᠬᠡᠭᠡᠷᠡ ᠪᠡᠷ ᠲᠠᠷᠬᠠᠨᠠ᠃

42. 狗舌草 *Tephroseris kirilowii* (Turcz. ex DC.) Holub

菊科，狗舌草属，多年生草本。生于典型草原、草甸草原、山地林缘。分布于旗北部草原。拍摄于呼伦镇都乌拉北。

ᠨᠣᠢᠲᠠᠨ ᠤ ᠬᠣᠨᠣᠭ

43. 湿生狗舌草 *Tephroseris palustris* (L.) Reich.

别名：湿生千里光

菊科，狗舌草属，二年生草本。生于湖边沙地、沼泽。分布于乌兰泡南岸湿地、克尔伦河边、乌尔逊河边。拍摄于克尔伦河边。

ᠬᠡᠭᠡᠷᠡ ᠶᠢᠨ ᠬᠣᠨᠣᠭ

44. 欧洲千里光 *Senecio vulgaris* L.

菊科，千里光属，一年生草本。生于山坡、路旁。分布于阿拉坦额莫勒镇。拍摄于阿拉坦额莫勒镇克尔伦桥边。

ᠵᠢᠷᠤᠭ ᠵᠢᠷᠤᠭ ᠵᠢᠷᠤᠭ ᠵᠢᠷᠤᠭ ᠵᠢᠷᠤᠭ ᠵᠢᠷᠤᠭ

45. 额河千里光 *Senecio argunensis*
Turcz.

别名：羽叶千里光

菊科，千里光属，多年生草本。
生于山地林缘、河边草甸，河边柳灌
丛。观赏植物。分布于阿日哈沙特
镇、阿拉坦额莫勒镇、克尔伦苏木。
拍摄于阿日哈沙特镇查干道布南。

ᠵᠢᠷᠤᠭ ᠵᠢᠷᠤᠭ ᠵᠢᠷᠤᠭ ᠵᠢᠷᠤᠭ

46. 驴欺口 *Echinops davuricus* Fisch. ex Horn.

别名：单州漏芦、火绒草、蓝刺头

菊科，蓝刺头属，多年生草本。生长在含丰富杂类草的草原群落中，也见于山地草原
及林缘草甸。药用植物。分布于呼伦镇、阿日哈沙特镇、达赉苏木。拍摄于呼伦镇都乌拉。

47. 砂蓝刺头 *Echinops gmelinii* Turcz.

别名：刺头、火绒草

菊科，蓝刺头属，一年生草本。生于固定沙地、沙质撂荒地、居民点及畜群点周围。药用植物。分布于宝格德乌拉苏木、达赉苏木。拍摄于宝格德乌拉沙地。

48. 草地风毛菊 *Saussurea amara* (L.) DC.

别名：驴耳风毛菊、羊耳朵、小花草地风毛菊、尖苞草地风毛菊

菊科，风毛菊属，多年生草本。生于村旁、路边。分布于全旗各地。拍摄于34边防站北路边。

ᠵᡳᠷ ᠨᠢ᠂ ᡳᠯ ᡬᠠ ᠰᡝᠷᡝᠩ᠂
ᠨᠠᠪᠴᡳ ᠨᠢ ᠵᡳᠷᠦᠯᡝᠨ ᠲᠠ ᡳᠮᠠᠭᠲᠠ᠃
ᠨᡝᠭᡝᠨ ᠲᡝ ᠭᠠᠵᠠᡴ᠂ ᠨᠠᠰᠤᠲᠤ ᡬᠤᠪᡳᠯᠠᠨ ᠲᠠᠨᠠᠭᠠᠳ᠃
ᠲᡝᠭᡳᠨ ᠤ ᠨᠠᠪᠴᡳ ᠭᠠᠵᠠᡴ᠃

49. 翼茎风毛菊 *Saussurea japonica*
（Thunb.）DC. var. *pteroclada*（Nakai
et Kitag.）Raab - Straube

菊科，风毛菊属，二年生草本。
生于山地、草甸草原、河岸草甸、路
旁及撂荒地。分布于呼伦镇。拍摄于
呼伦镇达石莫居民点。

ᠨᠠᠪᠴᡳ ᠨᠢ᠃ ᠲᡝᠭᡳᠨ ᡝ ᠭᠠᠵᠠᡴ᠂ ᠲᡝᠭᡳᠨ ᡬᠤᠪᠢ᠃
ᠨᠠᠰᠤᠲᠤ ᡬᠤᠪᡳᠯᠠᠨ ᠲᠠᠨᠠᠭᠠᠳ᠃ ᠲᡝᠭᡳᠨ ᠤ ᠨᠠᠪᠴᡳ ᠭᠠᠵᠠᡴ᠃

50. 盐地风毛菊 *Saussurea salsa*
（Pall.）Spreng.

菊科，风毛菊属，多年生草
本。生于盐渍化低地。分布于阿拉
坦额莫勒镇、克尔伦苏木。拍摄于
阿拉坦额莫勒镇东庙南。

ᠪᠣᠷᠣᠭᠠᠨ ᠴᠡᠴᠡᠭ᠃

51. 柳叶风毛菊 *Saussurea salicifolia*（L.）DC.

菊科，风毛菊属，多年生草本。生于典型草原、山地草原。分布于全旗各地。拍摄于达赉苏木伊和双乌拉南。

ᠨᠣᠭᠤᠭᠠᠨ ᠴᠡᠴᠡᠭ᠃

52. 碱地风毛菊 *Saussurea runcinata* DC.

别名：倒羽叶风毛菊、全叶碱地风毛菊

菊科，风毛菊属，多年生草本。生于盐渍低地。分布于阿拉坦额莫勒镇、阿日哈沙特镇、达赉苏木。拍摄于达赉苏木乌布格德乌拉东北。

ᠤᠷᠭᠤᠮᠠᠯ ᠪᠣᠯᠤᠨ᠎ᠠ᠃ ᠲᠣᠰᠬᠣᠨ ᠤ ᠵᠠᠮ ᠤᠨ ᠬᠠᠪᠢ᠂ ᠠᠭᠤᠯᠠ ᠶᠢᠨ ᠵᠢᠯᠠᠭ᠎ᠠ᠂ ᠬᠣᠭ ᠬᠠᠶᠠᠭᠳᠠᠮᠠᠯ ᠤ ᠭᠠᠵᠠᠷ ᠤᠷᠭᠤᠨ᠎ᠠ᠃ ᠠᠯᠲᠠᠨ ᠡᠮᠡᠯ ᠪᠠᠯᠭᠠᠰᠤᠨ ᠳ᠋ᠤ ᠲᠠᠷᠬᠠᠨ᠎ᠠ᠃

53. 牛蒡 *Arctium lappa* L.

别名：恶实、鼠粘草

菊科，牛蒡属，二年生草本。生
于村落路旁、山沟、杂草地。分布于
阿拉坦额莫勒镇。拍摄于阿拉坦额莫
勒镇北路边。

ᠤᠷᠭᠤᠮᠠᠯ ᠪᠣᠯᠤᠨ᠎ᠠ᠃ ᠡᠯᠡᠰᠦᠯᠢᠭ᠂ ᠡᠯᠡᠰᠦᠯᠢᠭ ᠰᠢᠪᠠᠷᠯᠢᠭ ᠬᠦᠷᠡᠩ ᠱᠣᠬᠣᠢᠯᠢᠭ ᠬᠦᠷᠦᠰᠦ᠂ ᠲᠣᠭᠲᠠᠮᠠᠯ ᠡᠯᠡᠰᠦᠨ ᠳ᠋ᠤ ᠤᠷᠭᠤᠨ᠎ᠠ᠃ ᠪᠤᠭᠤᠳᠠ ᠤᠯᠠᠭᠠᠨ ᠰᠤᠮᠤᠨ ᠳ᠋ᠤ ᠲᠠᠷᠬᠠᠨ᠎ᠠ᠃

54. 鳍[qí]蓟[jì] *Olgaea leucophylla* (Turcz.) Iljin

别名：白山蓟、白背、火媒草

菊科，蝟菊属，多年生草本。生
于沙质、沙壤质栗钙土、棕钙土、固定
沙地。分布于宝格德乌拉苏木。拍摄于
宝格德乌拉沙地。

ᠠᠯᠠᠭ᠎᠎᠎ᠠᠨ ᠤ ᠢᠳᠡᠰᠢ᠂᠎᠂ ᠵᠢᠰᠤᠯᠳᠤ ᠂
ᠵᠢᠰᠤᠯᠳᠤ ᠬᠡᠮᠡᠨ ᠳᠤ᠂
ᠡᠪᠡᠰᠦᠨ ᠤ ᠢᠵᠠᠭᠤᠷᠳᠠᠨ ᠂
᠂ ᠨᠠᠭᠤᠷ ᠤᠨ ᠂

55. 莲座蓟 *Cirsium esculentum* (Sievers) C. A. Mey.

别名：食用蓟

菊科，蓟属，多年生草本。生于河漫滩阶地、滨湖阶地、山间谷地草甸。分布于阿拉坦额莫勒镇。拍摄于克尔伦桥东。

ᠴᠢᠷ᠎ᠠ᠎᠎᠎ᠠᠮ᠎᠎᠎᠎ᠠ (ᠵᠢᠰᠤᠯᠳᠤ)

56. 烟管蓟 *Cirsium pendulum* Fisch. ex DC.

菊科，蓟属，二年生或多年生草本。生于河漫滩草甸、湖滨草甸、沟谷及林缘草甸。药用植物。分布于达赉苏木。拍摄于达赉苏木海日罕乌拉北沟。

ᠲᠠᠷᠢᠶᠠᠨ ᠤ ᠬᠣᠷᠣᠬᠠᠢ᠎ᠳᠤ ᠬᠣᠤᠷᠲᠠᠢ ᠡᠪᠡᠰᠦ (ᠵᠢᠵᠢᠭ ᠬᠦᠷᠡᠩᠵᠢ)

57. 刺儿菜 *Cirsium integrifolium*
（Wimm. et Grab.） L. Q. Zhao et Y. Z.
Zhao comb. nov.

别名：小蓟、刺蓟

菊科，蓟属，多年生草本。生于田
间、荒地和路旁。药用植物。嫩枝叶可
作养猪饲料。分布于阿拉坦额莫勒镇、
达赉苏木。拍摄于阿拉坦额莫勒镇南。

58. 大刺儿菜 *Cirsium setosum*
（Willd.） M. Bieb.

别名：大蓟、刺蓟、刺儿菜、刻
叶刺儿菜

菊科，蓟属，多年生草本。生于
退耕撂荒地，放牧场、农田。分布于阿
拉坦额莫勒镇、达赉苏木、呼伦湖岸。
拍摄于阿拉坦额莫勒镇西庙农田。

ᠡᠯᠡᠰᠦᠲᠦ ᠶᠢᠨ ᠬᠦᠵᠦᠭᠦᠦ

59. 节毛飞廉 *Carduus acanthoides* L.

别名：飞廉

菊科，飞廉属，二年生草本。生于
路旁，田边。分布于达赉苏木。拍摄于
达赉苏木木盖特北。

ᠬᠠᠪᠲᠠᠭᠠᠶ ᠨᠠᠪᠴᠢᠲᠦ ᠮᠠᠯᠢᠨᠭᠲ᠋ᠠᠨ

60.多头麻花头 *Klasea polycephala*
(Iljin) Kitag.

别名：多花麻花头

菊科，麻花头属，多年生草本。
生于山坡、干燥草地。分布于阿日哈
沙特镇、克尔伦苏木。拍摄于克尔伦
苏木莫日斯格南。

ᠮᠣᠩᠭᠣᠯ ᠠᠷᠢᠶᠠᠲᠠᠨ

ᠬᠠᠷ᠎ᠠ ᠶᠢᠨ ᠡᠪᠡᠰᠦ ᠃ ᠨᠠᠷᠢᠨ ᠨᠠᠪᠴᠢᠲᠦ ᠪᠤᠶᠤ ᠦᠨᠳᠦᠰᠦᠯᠢᠭ ᠪᠦᠯᠦᠭ ᠃ ᠤᠷᠭᠤᠮᠠᠯ ᠤᠨ ᠵᠦᠢᠯ ᠃ ᠪᠦᠬᠦ ᠬᠤᠰᠢᠭᠤᠨ ᠳᠤ ᠲᠠᠷᠬᠠᠭᠰᠠᠨ ᠃ ᠪᠠᠭᠠ ᠳᠡ ᠦ ᠠᠭᠤᠯᠠᠨ ᠳ᠋ᠤ

61. 麻花头 *Klasea centauroides*
(L.) Cassini ex Kitag.

别名：花儿柴

菊科，麻花头属，多年生草本。生于典型草原、山地森林草原。分布于全旗各地。拍摄于宝格德乌拉山。

ᠬᠠᠷ᠎ᠠ ᠲᠣᠯᠣᠭᠠᠢ

菊科 ᠂ ᠬᠠᠷ᠎ᠠ ᠲᠣᠯᠣᠭᠠᠢ ᠶᠢᠨ ᠲᠦᠷᠦᠯ ᠂ ᠣᠯᠠᠨ ᠨᠠᠰᠤᠲᠤ ᠡᠪᠡᠰᠦᠯᠢᠭ ᠤᠷᠭᠤᠮᠠᠯ ᠂ ᠠᠭᠤᠯᠠ ᠶᠢᠨ ᠬᠡᠭᠡᠷ᠎ᠡ ᠲᠠᠯ᠎ᠠ ᠂ ᠠᠭᠤᠯᠠ ᠶᠢᠨ ᠣᠢ ᠰᠢᠭᠤᠢ ᠶᠢᠨ ᠬᠡᠭᠡᠷ᠎ᠡ ᠲᠠᠯ᠎ᠠ ᠂ ᠴᠢᠯᠠᠭᠤᠯᠢᠭ ᠬᠠᠭᠤᠷᠠᠢ ᠬᠡᠭᠡᠷ᠎ᠡ ᠲᠠᠯ᠎ᠠ ᠳ᠋ᠤ ᠤᠷᠭᠤᠨ᠎ᠠ ᠃ ᠡᠮ ᠤᠨ ᠤᠷᠭᠤᠮᠠᠯ ᠤᠨ ᠵᠦᠢᠯ ᠃

62. 漏芦 *Rhaponticum uniflorum*
(L.) DC.

别名：祁州漏芦、和尚头、大口袋花、牛馒头

菊科，漏芦属，多年生草本。生于山地草原、山地森林草原、石质干草原、草甸草原。药用植物。分布于呼伦镇、阿日哈沙特镇、阿拉坦额莫勒镇、达赉苏木、宝格德乌拉苏木。拍摄于呼伦镇都乌拉。

ᠴᠡ᠄᠄ ᠪᠠᠳᠠᠷᠠᠭᠤᠯᠤᠨ᠎ᠠ ᠃ ᠡᠪᠡᠰᠦ ᠶᠢᠨ ᠡᠮᠴᠢᠯᠡᠭᠡ
ᠳ᠋ᠤ᠂ ᠭᠡᠳᠡᠰᠦᠨ ᠤ ᠬᠤᠷᠤᠬᠠᠶ᠂ ᠬᠤᠳᠤᠭᠤᠳᠤ ᠶᠢ
ᠬᠦᠴᠦᠵᠢᠭᠦᠯᠵᠦ᠂ ᠢᠳᠡᠰᠢ ᠰᠢᠩᠭᠡᠭᠡᠬᠦ ᠶᠢ ᠰᠠᠶᠢᠵᠢᠷᠠᠭᠤᠯᠤᠨ᠎ᠠ ᠃
ᠡᠮ ᠤᠨ ᠬᠡᠷᠡᠭᠯᠡᠭᠡ᠄

63. 东方婆罗门参 *Tragopogon orientalis* L.

别名：黄花婆罗门参

菊科，婆罗门参属，二年生草本。生于林下、山地草甸。分布于阿拉坦额莫勒镇。拍摄于阿拉坦额莫勒镇南树下。

ᠪᠠᠭᠠ ᠵᠤᠯᠠ ᠶᠢᠨ ᠡᠪᠡᠰᠦ
ᠳᠤᠯᠠᠭᠠᠨ ᠂ ᠴᠢᠨᠠᠷ ᠂ ᠬᠠᠲᠠᠭᠤ ᠂ ᠠᠮᠲᠠ ᠬᠠᠯᠠᠭᠤᠨ ᠂
ᠭᠠᠰᠢᠭᠤᠨ ᠃ ᠡᠯᠢᠭᠡ᠂ ᠪᠦᠭᠡᠷᠡᠨ ᠤ ᠬᠠᠯᠠᠭᠤᠨ ᠢ
ᠠᠷᠢᠯᠭᠠᠨ᠎ᠠ ᠃ ᠡᠪᠡᠰᠦ ᠶᠢᠨ ᠡᠮᠴᠢᠯᠡᠭᠡ ᠳ᠋ᠤ᠂
ᠴᠢᠰᠤ ᠶᠢ ᠠᠷᠢᠯᠭᠠᠵᠤ ᠂ ᠬᠠᠯᠠᠭᠤᠨ ᠢ ᠳᠠᠷᠤᠨ᠎ᠠ᠃
ᠡᠮ ᠤᠨ ᠬᠡᠷᠡᠭᠯᠡᠭᠡ᠄

64. 鸦葱 *Scorzonera austriaca* Willa.

别名：奥国鸦葱、东北鸦葱

菊科，鸦葱属，多年生草本。生于草原、丘陵坡地、石质山坡、平原、河岸。分布于阿日哈沙特镇、克尔伦苏木、达赉苏木、宝格德乌拉苏木。拍摄于达赉苏木乌布格德乌拉。

ᠮᠠᠨᠵᠢᠨ ᠴᠡᠴᠡᠭᠲᠦ᠃ ᠪᠠᠲᠤᠷᠠᠭᠤ ᠶᠢᠨ ᠭᠠ ᠳᠤ ᠴᠢᠨᠠᠷ ᠲᠠᠶ᠃ ᠳᠠᠪᠠᠭᠠᠲᠤ᠂ ᠰᠢᠷᠤᠢᠲᠤ᠂ ᠪᠤᠶᠤ ᠬᠠᠶᠢᠷᠲᠤ ᠠᠭᠤᠯᠠ ᠶᠢᠨ ᠡᠩᠭᠡᠷ ᠲᠦ ᠤᠷᠭᠤᠳᠠᠭ᠃ ᠡᠨᠡ ᠨᠢ ᠠᠯᠲᠠ ᠶᠢᠨ ᠡᠮᠦᠨᠡ᠂ ᠠᠷᠢᠬᠠᠰᠠᠲ ᠪᠠᠯᠭᠠᠰᠤ᠂ ᠳᠠᠯᠠᠢ ᠰᠤᠮᠤ ᠳᠤ ᠲᠠᠷᠬᠠᠨ ᠤᠷᠭᠤᠨᠠ᠃

65. 毛梗鸦葱 *Scorzonera radiata* Fisch. ex Ledeb.

别名：狭叶鸦葱

菊科，鸦葱属，多年生草本。生长于山地林下、林缘、草甸及河滩砾石地。分布于呼伦镇。拍摄于呼伦镇都乌拉北。

66. 丝叶鸦葱 *Scorzonera curvata* (Popl.) Lipsch.

菊科，鸦葱属，多年生草本。生长于丘陵坡地、沙质与卵石质盐化湖岸。分布于阿拉坦额莫勒镇、阿日哈沙特镇、达赉苏木。拍摄于达赉苏木乌布格德乌拉南。

ᠰᠤᠷᠮᠤᠰᠤᠨ ᠨᠠᠪᠴᠢᠲᠤ ᠮᠠᠨᠵᠢᠨ᠃ ᠪᠠᠲᠤᠷᠠᠭᠤ ᠶᠢᠨ ᠭᠠ ᠳᠤ ᠴᠢᠨᠠᠷ ᠲᠠᠶ᠃ ᠳᠤᠪᠤᠴᠠᠭ ᠲᠤ᠂ ᠡᠯᠡᠰᠦᠲᠦ᠂ ᠪᠤᠶᠤ ᠬᠠᠶᠢᠷ ᠴᠢᠯᠠᠭᠤᠲᠤ ᠬᠤᠵᠢᠷᠯᠢᠭ ᠨᠠᠭᠤᠷ ᠤᠨ ᠬᠥᠪᠡᠭᠡ ᠳᠦ ᠤᠷᠭᠤᠳᠠᠭ᠃ ᠡᠨᠡ ᠨᠢ ᠠᠯᠲᠠᠨᠡᠮᠦᠯ ᠪᠠᠯᠭᠠᠰᠤ᠂ ᠠᠷᠢᠬᠠᠰᠠᠲ ᠪᠠᠯᠭᠠᠰᠤ᠂ ᠳᠠᠯᠠᠢ ᠰᠤᠮᠤ ᠳᠤ ᠲᠠᠷᠬᠠᠨ ᠤᠷᠭᠤᠨᠠ᠃

67. 桃叶鸦葱 *Scorzonera sinensis* （Lipsch. et Krasch.） Nakai

别名：老虎嘴

菊科，鸦葱属，多年生草本。生长于石质山坡、丘陵坡地、沟谷、沙丘。分布于克尔伦苏木、宝格德乌拉苏木。拍摄于宝格德乌拉山南。

68. 白花蒲公英 *Taraxacum pseudoalbidum* Kitag.

菊科，蒲公英属，多年生草本。生于原野、路旁。分布于阿日哈沙特镇。拍摄于阿贵洞。

ᠵᠡᠭᠦᠨ ᠬᠣᠶᠢᠲᠤ ᠶᠢᠨ ᠪᠠᠬᠠᠪᠠᠢ

69. 东北蒲公英 *Taraxacum ohwianum* Kitam.

菊科，蒲公英属，多年生草本。生于山坡、路旁、河边。要用植物。分布于阿拉坦额莫勒镇、贝尔苏木。拍摄于贝尔苏木布达图南路旁。

ᠠᠽᠢ ᠶᠢᠨ ᠪᠠᠬᠠᠪᠠᠢ

70. 亚洲蒲公英 *Taraxacum asiaticum* Dahlst.

别名：阴山蒲公英

菊科，蒲公英属，多年生草本。生于河滩、草甸、村舍附近。分布于全旗各地。拍摄于阿拉坦额莫勒镇北。

ᠬᠥᠬᠡ ᠪᠠᠭᠠᠯ ᠴᠡᠴᠡᠭ

ᠲᠦᠰᠦ᠄
ᠪᠤᠷᠭᠠᠰᠤ ᠲᠦᠷᠦᠯ ᠤᠨ ᠡᠪᠡᠰᠦ ᠪᠣᠯᠤᠨ᠎ᠠ᠃ ᠬᠡᠳᠦᠨ ᠵᠢᠯ ᠤᠨ ᠨᠠᠰᠤᠲᠤ ᠡᠪᠡᠰᠦᠯᠢᠭ ᠤᠷᠭᠤᠮᠠᠯ᠃ ᠳᠠᠪᠤᠰᠤᠷᠬᠠᠭ ᠨᠠᠮᠤᠭ ᠳᠤ ᠤᠷᠭᠤᠨ᠎ᠠ᠃ ᠡᠮ ᠤᠨ ᠤᠷᠭᠤᠮᠠᠯ᠃ ᠬᠡᠷᠦᠯᠦᠨ ᠭᠣᠣᠯ ᠤᠨ ᠡᠮᠦᠨᠡᠲᠦ ᠲᠠᠯ᠎ᠠ ᠪᠠᠷ ᠲᠠᠷᠬᠠᠨ᠎ᠠ᠃

71. 华蒲公英 *Taraxacum sinicum* Kitag.

别名：碱地蒲公英、扑灯儿

菊科，蒲公英属，多年生草本。生于盐化草甸。药用植物。分布于克尔伦河以南草原。拍摄于克尔伦河边。

ᠮᠣᠩᠭᠣᠯ ᠪᠠᠭᠠᠯ ᠴᠡᠴᠡᠭ

ᠪᠤᠷᠭᠠᠰᠤ ᠲᠦᠷᠦᠯ ᠤᠨ ᠡᠪᠡᠰᠦ ᠪᠣᠯᠤᠨ᠎ᠠ᠃ ᠬᠡᠳᠦᠨ ᠵᠢᠯ ᠤᠨ ᠨᠠᠰᠤᠲᠤ ᠡᠪᠡᠰᠦᠯᠢᠭ ᠤᠷᠭᠤᠮᠠᠯ᠃ ᠠᠭᠤᠯᠠ ᠶᠢᠨ ᠡᠩᠭᠡᠷ ᠤᠨ ᠡᠪᠡᠰᠦᠯᠢᠭ ᠭᠠᠵᠠᠷ᠂ ᠵᠠᠮ ᠤᠨ ᠬᠠᠵᠠᠭᠤ᠂ ᠲᠠᠷᠢᠶᠠᠨ ᠭᠠᠵᠠᠷ ᠲᠤ ᠦᠷᠭᠡᠨ ᠢᠶᠡᠷ ᠤᠷᠭᠤᠨ᠎ᠠ᠃ ᠡᠮ ᠤᠨ ᠤᠷᠭᠤᠮᠠᠯ᠃ ᠬᠣᠰᠢᠭᠤᠨ ᠤ ᠭᠠᠵᠠᠷ ᠪᠦᠷᠢ ᠪᠡᠷ ᠲᠠᠷᠬᠠᠨ᠎ᠠ᠃

72. 蒲公英 *Taraxacum mongolicum* Hand. - Mazz.

别名：小栒蒲公英

菊科，蒲公英属，多年生草本。广泛地生于山坡草地、路旁、田野、河岸沙质地。药用植物。分布于全旗各地。拍摄于阿拉坦额莫勒镇北。

ᠬᠠᠭᠠᠨᠢ ᠪᠠᠭᠠᠪᠠᠭᠠ ᠴᠡᠴᠡᠭ

73. 兴安蒲公英 *Taraxacum falcilobum* Kitag.

菊科，蒲公英属，多年生草本。生于沙质地。药用植物。分布于呼伦镇、达赉苏木。拍摄于呼伦镇达石莫音阿日山北。

ᠡᠯᠳᠡᠪ ᠪᠠᠭᠠᠪᠠᠭᠠ ᠴᠡᠴᠡᠭ

74. 异苞蒲公英 *Taraxacum multisectum* Kitag.

菊科，蒲公英属，多年生草本。生于山野。分布于宝格德乌拉山、阿拉坦额莫勒镇北山。拍摄于宝格德乌拉山。

ᠡᠷᠬᠡᠨ᠎ᠠ ᠭᠡᠭᠡᠯᠵᠢᠨ ᠴᠡᠴᠡᠭ

75. 多裂蒲公英 *Taraxacum dissectum* （Ledeb.） Ledeb.

菊科，蒲公英属，多年生草本。生于盐渍化草甸、水井边、砾质沙地。分布于全旗各地。拍摄于达赉苏木伊和双乌拉南水井边。

ᠪᠠᠭᠠᠯᠵᠤᠷ ᠬᠦᠬᠡ

76. 苣[qǔ]荬菜 *Sonchus brachyotus* DC.

别名：取麻菜、甜苣、苦菜、全叶苣荬菜

菊科，苦苣菜属，多年生草本。生于村舍附近、农田、路边、水边湿地。药用植物。嫩茎叶可供食用。分布于全旗各地。拍摄于克尔伦河边。

ᠭᠠᠱᠠᠭᠤᠨ ᠨᠣᠭᠤᠭᠠ

ᠨᠢᠭᠡ ᠵᠢᠯ ᠤᠨ ᠪᠤᠶᠤ ᠬᠣᠶᠠᠷ ᠵᠢᠯ ᠤᠨ ᠡᠪᠡᠰᠤᠯᠢᠭ ᠤᠷᠭᠤᠮᠠᠯ ᠃ ᠲᠠᠷᠢᠶᠠᠨ ᠭᠠᠵᠠᠷ ᠂ ᠵᠠᠮ ᠤᠨ ᠬᠥᠪᠡᠭᠡ ᠂ ᠰᠠᠭᠤᠷᠢᠨ ᠤ ᠣᠢᠷᠠᠯᠴᠠᠭᠠ ᠳᠤ ᠤᠷᠭᠤᠨᠠ ᠃ ᠡᠮ ᠤᠨ ᠤᠷᠭᠤᠮᠠᠯ ᠃ ᠬᠣᠰᠢᠭᠤᠨ ᠤ ᠡᠯ᠎ᠡ ᠭᠠᠵᠠᠷ ᠲᠤ ᠲᠠᠷᠬᠠᠨ᠎ᠠ ᠃

77. 苦苣菜 *Sonchus oleraceus* L.

别名：苦菜、滇苦菜

菊科，苦苣菜属，一或二年生草本。生于田野、路旁、村舍附近。药用植物。分布于全旗各地。拍摄于阿拉坦额莫勒镇东。

ᠠᠭᠤᠯᠠ ᠶᠢᠨ ᠭᠠᠱᠠᠭᠤᠨ ᠨᠣᠭᠤᠭᠠ

ᠨᠢᠭᠡ ᠵᠢᠯ ᠤᠨ ᠡᠪᠡᠰᠤᠯᠢᠭ ᠤᠷᠭᠤᠮᠠᠯ ᠃ ᠡᠵᠡᠭᠦᠢ ᠭᠠᠵᠠᠷ ᠂ ᠵᠠᠮ ᠤᠨ ᠬᠥᠪᠡᠭᠡ ᠂ ᠭᠣᠣᠯ ᠤᠨ ᠬᠥᠪᠡᠭᠡ ᠶᠢᠨ ᠴᠢᠯᠠᠭᠤᠯᠢᠭ ᠭᠠᠵᠠᠷ ᠂ ᠠᠭᠤᠯᠠ ᠶᠢᠨ ᠡᠩᠭᠡᠷ ᠤᠨ ᠴᠢᠯᠠᠭᠤᠨ ᠵᠠᠪᠰᠠᠷ ᠪᠠ ᠨᠤᠭᠤᠭᠠᠲᠤ ᠭᠠᠵᠠᠷ ᠲᠤ ᠤᠷᠭᠤᠨᠠ ᠃ ᠬᠣᠰᠢᠭᠤᠨ ᠤ ᠡᠯ᠎ᠡ ᠭᠠᠵᠠᠷ ᠲᠤ ᠲᠠᠷᠬᠠᠨ᠎ᠠ ᠃

78. 野莴苣 *Lactuca serriola* L.

菊科，莴苣属，一年生草本。生于荒地、路旁、河滩砾石地、山坡石缝中及草地。分布于全旗各地。拍摄于阿拉坦额莫勒镇北桥下。

79. 山莴苣 *Lactuca sibirica* (L.) Beth. ex Maxim.

别名：北山莴苣、山苦菜、西伯利亚山莴苣

菊科，莴苣属，多年生草本。生于山地林下、林缘、草甸、河边、湖边。分布于达赉苏木、呼伦湖边。拍摄于达赉苏木乌布格德乌拉北。

80. 碱小苦荬菜 *Sonchella stenoma* (Turcz. ex DC.) Sennikov

别名：碱黄鹌菜

菊科，小苦荬菜属，多年生草本。生于盐渍地、草原沙地。分布于阿拉坦额莫勒镇、呼伦湖沿岸。拍摄于阿拉坦额莫勒镇东南。

ᠮᠤᠩᠭᠤᠯ ᠨᠡᠷ᠎ᠡ᠄

ᠨᠢᠭᠡ ᠨᠠᠰᠤᠲᠤ ᠡᠪᠡᠰᠦᠯᠢᠭ ᠤᠷᠭᠤᠮᠠᠯ᠃ ᠠᠭᠤᠯᠠ ᠶᠢᠨ ᠲᠠᠯ᠎ᠠ ᠬᠡᠭᠡᠷ᠎ᠡ᠂ ᠲᠠᠷᠢᠶᠠᠨ ᠳᠤ ᠤᠷᠭᠤᠨ᠎ᠠ᠃

81. 细叶黄鹌菜 *Youngia tenuifolia* (Willd.) Babc. et Stebb.

别名：蒲公幌

菊科，黄鹌菜属，多年生草本。生于山坡草甸、灌丛。分布于呼伦镇、阿拉坦额莫勒镇、宝格德乌拉山。拍摄于宝格德乌拉山。

82. 屋根草 *Crepis tectorum* L.

菊科，还阳参属，一年生草本。生于山地草原、农田。分布于阿拉坦额莫勒镇。拍摄于阿拉坦额莫勒镇西庙。

83. 还阳参 *Crepis crocea*（Lam.）Babc.

别名：屠还阳参、驴打滚儿、还羊参

菊科，还阳参属，多年生草本。生于丘陵砂砾石质坡地、田边、路旁。药用植物。分布于达赉苏木、克尔伦苏木、阿拉坦额莫勒镇。拍摄于阿拉坦额莫勒镇雷达山北。

84. 抱茎苦荬菜 *Ixeris sonchifolia*（Maxim.）Hance

别名：苦荬菜、苦碟子

菊科，苦荬菜属，多年生草本。生于草甸、山野、路旁、撂荒地。分布于全旗各地。拍摄于阿拉坦额莫勒镇西庙。

ᠮᠠᠩᠭ᠋ᠢᠷ
ᠤᠨ ᠴᠡᠴᠡᠭ

ᠬᠢᠲᠠᠳ ᠬᠦᠬᠡ ᠴᠠᠢ᠂ ᠴᠢᠯᠠᠭᠤᠨ ᠬᠡᠬᠡᠳᠡᠰᠦ᠂
ᠠᠭᠤᠯᠠ ᠶᠢᠨ ᠬᠦᠬᠡ ᠴᠠᠢ ᠴᠤ ᠭᠡᠳᠡᠭ᠃
ᠬᠠᠪᠲᠠᠰᠤ ᠶᠢᠨ ᠲᠦᠷᠦᠯ᠂ ᠬᠦᠬᠡ ᠴᠠᠢ ᠶᠢᠨ
ᠲᠦᠷᠦᠯ᠂ ᠤᠯᠠᠨ ᠵᠢᠯ ᠤᠨ ᠡᠪᠡᠰᠦ᠃
ᠠᠭᠤᠯᠠ ᠬᠡᠭᠡᠷᠡ᠂ ᠲᠠᠷᠢᠶᠠᠨ ᠳᠤ᠂ ᠬᠠᠭᠠᠰ
ᠵᠡᠷᠯᠢᠭ ᠭᠠᠵᠠᠷ᠂ ᠵᠠᠮ ᠤᠨ ᠬᠠᠵᠠᠭᠤ ᠳᠤ
ᠤᠷᠭᠤᠨᠠ᠃

85. 中华苦荬菜 *Ixeris chinensis*
(Thunb.) Nakai

别名：苦菜、燕儿尾、山苦荬

菊科，苦荬菜属，多年生草本。
生于山野、田间、撂荒地，路旁。药
用植物。枝叶可作养猪与养兔饲料。
分布于全旗各地。拍摄于阿拉坦额莫
勒镇呼德诺尔西。

ᠨᠠᠷᠢᠨ ᠨᠠᠪᠴᠢᠲᠤ
ᠮᠠᠩᠭ᠋ᠢᠷ ᠤᠨ ᠴᠡᠴᠡᠭ

ᠨᠠᠷᠢᠨ ᠨᠠᠪᠴᠢᠲᠤ ᠬᠦᠬᠡ ᠴᠠᠢ᠂ ᠨᠠᠷᠢᠨ
ᠨᠠᠪᠴᠢᠲᠤ ᠠᠭᠤᠯᠠ ᠶᠢᠨ ᠬᠦᠬᠡ ᠴᠠᠢ ᠴᠤ
ᠭᠡᠳᠡᠭ᠃ ᠬᠠᠪᠲᠠᠰᠤ ᠶᠢᠨ ᠲᠦᠷᠦᠯ᠂ ᠬᠦᠬᠡ
ᠴᠠᠢ ᠶᠢᠨ ᠲᠦᠷᠦᠯ᠂ ᠤᠯᠠᠨ ᠵᠢᠯ ᠤᠨ ᠡᠪᠡᠰᠦ᠃

86. 丝叶苦荬菜 *Ixeris chinensis*
(Thunb.) Kitag. subsp. *graminifolia*
(Ledeb.) Kitam.

别名：丝叶苦菜、丝叶山苦荬

菊科，苦荬菜属，多年生草本。
生于沙质草原、石质山坡、沙质地、
田野、路边。分布于呼伦镇、阿拉坦
额莫勒镇西山坡、贝尔苏木。拍摄于
贝尔苏木莫农塔拉。

ᠬᠣᠭ᠎ᠠ ᠡᠪᠡᠰᠦ

ᠬᠣᠭ᠎ᠠ ᠡᠪᠡᠰᠦ ᠄᠄ ᠣᠯᠠᠨ ᠵᠢᠯ ᠤᠨ ᠡᠪᠡᠰᠦᠯᠢᠭ ᠤᠷᠭᠤᠮᠠᠯ ᠃ ᠭᠣᠣᠯ ᠨᠠᠭᠤᠷ ᠤᠨ ᠬᠥᠪᠡᠭᠡᠨ ᠤ ᠭᠦᠶᠢᠬᠡᠨ ᠤᠰᠤ ᠂ ᠭᠣᠣᠯ ᠤᠨ ᠬᠥᠪᠡᠭᠡ ᠂ ᠳᠣᠣᠷᠠᠳᠤ ᠴᠢᠭᠢᠭᠯᠢᠭ ᠭᠠᠵᠠᠷ ᠲᠤ ᠤᠷᠭᠤᠨ᠎ᠠ ᠃ ᠡᠮ ᠤᠨ ᠤᠷᠭᠤᠮᠠᠯ ᠃ ᠠᠯᠲᠠᠨᠡᠮᠡᠯ ᠪᠠᠯᠭᠠᠰᠤ ᠂ ᠤᠷᠤᠰᠤᠨ ᠭᠣᠣᠯ ᠂ ᠬᠡᠷᠦᠯᠦᠨ ᠭᠣᠣᠯ ᠤᠨ ᠬᠥᠪᠡᠭᠡᠨ ᠳᠤ ᠲᠠᠷᠬᠠᠨ᠎ᠠ ᠃

五十五、香蒲科 Typhaceae

1. 小香蒲 *Typha minima* Funk ex Hoppe

香蒲科、香蒲属，多年生草本。生于河湖边浅水中、河滩、低湿地。药用植物。分布于阿拉坦额莫勒镇、乌尔逊河、克尔伦河边。拍摄于克尔伦河边。

ᠮᠤᠬᠤᠷ ᠵᠢᠭᠠᠰᠤ

ᠮᠤᠬᠤᠷ ᠵᠢᠭᠠᠰᠤ ᠄᠄ ᠣᠯᠠᠨ ᠵᠢᠯ ᠤᠨ ᠡᠪᠡᠰᠦᠯᠢᠭ ᠤᠷᠭᠤᠮᠠᠯ ᠃ ᠤᠰᠤᠨ ᠰᠤᠪᠠᠭ ᠂ ᠤᠰᠤᠨ ᠴᠥᠭᠦᠷᠦᠮ ᠂ ᠭᠣᠣᠯ ᠤᠨ ᠬᠥᠪᠡᠭᠡ ᠵᠡᠷᠭᠡ ᠭᠦᠶᠢᠬᠡᠨ ᠤᠰᠤᠨ ᠳᠤ ᠤᠷᠭᠤᠨ᠎ᠠ ᠃ ᠡᠮ ᠤᠨ ᠤᠷᠭᠤᠮᠠᠯ ᠃ ᠠᠯᠲᠠᠨᠡᠮᠡᠯ ᠪᠠᠯᠭᠠᠰᠤ ᠂ ᠪᠠᠶᠠᠨᠤᠯᠠ ᠰᠤᠮᠤ ᠂ ᠤᠷᠤᠰᠤᠨ ᠭᠣᠣᠯ ᠤᠨ ᠬᠥᠪᠡᠭᠡᠨ ᠳᠤ ᠲᠠᠷᠬᠠᠨ᠎ᠠ ᠃

2. 无苞香蒲 *Typha laxmannii* Lepech.

别名：拉氏香蒲

香蒲科、香蒲属，多年生草本。生于水沟、水塘、河岸边等浅水中。药用植物。分布于阿拉坦额莫勒镇、宝格德乌拉苏木、乌尔逊河边。拍摄于阿拉坦额莫勒镇克尔伦桥边。

ᠬᠠᠷᠠᠭ ᠵᠢᠭᠰᠠᠭᠠᠯᠲᠤ ᠡᠪᠡᠰᠤ

ᠡᠨᠡ ᠵᠦᠢᠯ ᠤᠨ ᠤᠷᠭᠤᠮᠠᠯ ᠨᠢ᠂ ᠤᠯᠠᠭᠠᠨ ᠤ ᠭᠠᠴᠠᠭᠠ ᠶᠢᠨ ᠭᠤᠤᠯ ᠤᠨ ᠬᠦᠪᠡᠭᠡ᠂ ᠴᠦᠭᠦᠷᠦᠮ ᠤᠨ ᠬᠦᠪᠡᠭᠡᠨ ᠤ ᠨᠢᠮᠭᠡᠨ ᠤᠰᠤᠨ ᠳᠤ ᠤᠷᠭᠤᠨ᠎ᠠ᠃ ᠡᠮ ᠤᠨ ᠤᠷᠭᠤᠮᠠᠯ᠃ ᠤᠯᠠᠭᠠᠨ ᠤ ᠭᠠᠴᠠᠭᠠ ᠶᠢᠨ ᠭᠤᠤᠯ ᠤᠨ ᠬᠦᠪᠡᠭᠡ ᠪᠡᠷ ᠲᠠᠷᠬᠠᠨ᠎ᠠ᠃

五十六、黑三棱科 Sparganiaceae

1. 黑三棱 *Sparganium stoloniferum*（Buch. - Ham. ex Graebn.）Buch. - Ham. ex Juz.

别名：京三棱

黑三棱科，黑三棱属，多年生草本。生于河边或池塘边浅水中。药用植物。分布于乌尔逊河边。拍摄于乌尔逊河边。

ᠪᠦᠭᠡᠮᠨᠡᠷᠡᠭᠰᠡᠨ ᠬᠠᠷᠠᠭ ᠵᠢᠭᠰᠠᠭᠠᠯᠲᠤ ᠡᠪᠡᠰᠤ

ᠡᠨᠡ ᠵᠦᠢᠯ ᠤᠨ ᠤᠷᠭᠤᠮᠠᠯ ᠨᠢ᠂ ᠨᠢᠮᠭᠡᠨ ᠤᠰᠤᠨ ᠳᠤ ᠤᠷᠭᠤᠨ᠎ᠠ᠃ ᠪᠡᠭᠡᠷ ᠰᠤᠮᠤ ᠶᠢᠨ ᠬᠠᠷᠮᠢ ᠶᠢᠨ ᠭᠦᠭᠦᠷᠭᠡ ᠶᠢᠨ ᠳᠤᠤᠷ᠎ᠠ ᠲᠠᠷᠬᠠᠨ᠎ᠠ᠃

2. 短序黑三棱 *Sparganium glomeratum* Laest. ex Beurl.

黑三棱科，黑三棱属，多年生草本。生于浅水中。分布于贝尔苏木虾米桥下。拍摄于贝尔苏木虾米桥下。

ᠬᠢᠯᠭᠠᠨ᠎ᠠ ᠨᠤᠭᠤ (ᠨᠤᠭᠤ)

五十七、眼子菜科 Potamogetonacese

龙须眼子菜 *Stuckenia pectinata*（L.）Borner

别名： 篦齿眼子菜

眼子菜科，篦齿眼子菜属，多年生草本。生于浅河、池沼中。全草可作鱼、鸭饲料。药用植物。分布于乌尔逊河浅水、乌兰泡浅水中、克尔伦河。拍摄于克尔伦河。

五十八、水麦冬科 Juncaginaceae

1. 海韭菜 *Triglochin maritima* L.

别名： 圆果水麦冬

水麦冬科，水麦冬属，多年生草本。生于河湖边盐渍化草甸。分布于阿拉坦额莫勒镇、阿日哈沙特镇阿贵洞、乌尔逊河边。拍摄于阿贵洞。

ᠪᠤᠷᠤ ᠬᠢᠯᠭᠠᠨ᠎ᠠ᠄

ᠰᠠᠭᠠᠯᠠᠩ ᠤᠨ ᠡᠪᠡᠰᠦ ᠶᠢᠨ ᠢᠵᠠᠭᠤᠷ᠂ ᠣᠯᠠᠨ ᠵᠢᠯ ᠤᠨ ᠡᠪᠡᠰᠦ᠃ ᠭᠣᠣᠯ ᠨᠠᠭᠤᠷ ᠤᠨ ᠬᠥᠪᠡᠭᠡ ᠶᠢᠨ ᠳᠠᠪᠤᠰᠤᠷᠬᠠᠭ ᠨᠤᠭᠤᠭᠠ ᠲᠠᠢ ᠬᠦᠷᠢᠶ᠎ᠡ ᠳᠤ ᠤᠷᠭᠤᠨ᠎ᠠ᠃

2. 水麦冬 *Triglochin palustris* L.

水麦冬科，水麦冬属，多年生草本。生于河湖边盐渍化草甸、林缘草甸。分布于阿日哈沙特镇、乌尔逊河岸。拍摄于阿贵洞。

ᠲᠠᠪᠤᠰᠤᠯᠢᠭ ᠦᠨ᠎ᠡ᠄

ᠲᠠᠪᠤᠰᠤᠯᠢᠭ ᠦᠨ᠎ᠡ ᠶᠢᠨ ᠢᠵᠠᠭᠤᠷ᠂ ᠲᠠᠪᠤᠰᠤᠯᠢᠭ ᠦᠨ᠎ᠡ ᠶᠢᠨ ᠲᠥᠷᠥᠯ᠂ ᠣᠯᠠᠨ ᠵᠢᠯ ᠤᠨ ᠡᠪᠡᠰᠦ᠃

五十九、泽泻科 Alismataceae

1. 泽泻 *Alisma plantago - aquatica* L.

泽泻科，泽泻属，多年生草本。生于沼泽。分布于乌尔逊河边。拍摄于乌尔逊河边。

ᠲᠡᠭᠦᠨᠦ ᠨᠠᠪᠴᠢ ᠨᠢ᠄᠄

ᠲᠦᠷᠦᠯ ᠄᠄ ᠨᠠᠮᠤᠭ ᠤᠨ ᠳ᠋ᠤ ᠤᠷᠭᠤᠨ᠎ᠠ ᠄ ᠤᠷᠤᠰᠤᠨ
ᠭᠤᠤᠯ ᠤᠨ ᠭᠦᠢᠬᠡᠨ ᠤᠰᠤᠨ ᠳ᠋ᠤ᠂ ᠤᠯᠠᠨ
ᠵᠢᠯ ᠤᠨ ᠡᠪᠡᠰᠦᠯᠢᠭ ᠤᠷᠭᠤᠮᠠᠯ ᠄᠄ ᠵᠢᠷᠤᠭ
ᠶ᠋ᠢ ᠤᠷᠤᠰᠤᠨ ᠭᠤᠤᠯ ᠤᠨ ᠳ᠋ᠤ ᠠᠪᠤᠪᠠ᠃

2. 草泽泻 *Alisma graminum*
Lejeune

泽泻科，泽泻属，多年生草
本。生于沼泽。分布于乌尔逊河浅
水中。拍摄于乌尔逊河。

ᠴᠠᠭᠠᠨ ᠲᠦᠷᠦᠭᠦᠦ

ᠲᠦᠷᠦᠯ ᠄᠄ ᠭᠦᠢᠬᠡᠨ ᠤᠰᠤᠨ ᠳ᠋ᠤ ᠪᠤᠶᠤ ᠤᠰᠤᠨ ᠤ
ᠬᠦᠪᠡᠭᠡᠨ ᠤ ᠨᠠᠮᠤᠭ ᠲᠤ ᠤᠷᠭᠤᠨ᠎ᠠ ᠄ ᠤᠷᠤᠰᠤᠨ
ᠭᠤᠤᠯ ᠂ ᠳᠠᠯᠠᠢ ᠰᠤᠮᠤ ᠶ᠋ᠢᠨ ᠵᠡᠭᠦᠨ ᠲᠠᠯ᠎ᠠ ᠶ᠋ᠢᠨ
ᠨᠠᠮᠤᠭ ᠲᠤ ᠤᠯᠠᠮᠵᠢᠯᠠᠨ᠎ᠠ ᠄ ᠤᠷᠤᠰᠤᠨ ᠭᠤᠤᠯ ᠤᠨ
ᠳ᠋ᠤ ᠠᠪᠤᠪᠠ᠃

3. 野慈姑 *Sagittaria trifolia* L.

别名：长瓣慈姑

泽泻科，慈姑属，多年生草本。
生于浅水及水边沼泽。分布于乌尔逊
河、达赉苏木东边沼泽。拍摄于乌尔
逊河。

ᠬᠤᠯᠤᠰᠤᠨ ᠴᠡᠴᠡᠭ᠄

ᠬᠤᠯᠤᠰᠤᠨ ᠴᠡᠴᠡᠭ᠂ ᠬᠤᠯᠤᠰᠤᠨ ᠴᠡᠴᠡᠭ ᠲᠦᠷᠦᠯ᠂ ᠣᠯᠠᠨ ᠨᠠᠰᠤᠲᠤ ᠡᠪᠡᠰᠦᠯᠢᠭ ᠤᠷᠭᠤᠮᠠᠯ᠃ ᠤᠰᠤᠨ ᠤ ᠬᠥᠪᠡᠭᠡᠨ ᠤ ᠨᠠᠮᠤᠭ ᠲᠤ ᠤᠷᠭᠤᠨᠠ᠃ ᠤᠯᠠᠭᠠᠨ ᠭᠣᠣᠯ᠂ ᠬᠡᠷᠯᠡᠨ ᠭᠣᠣᠯ ᠤᠨ ᠬᠥᠪᠡᠭᠡᠨ ᠳ᠋ᠤ ᠲᠠᠷᠬᠠᠨᠠ᠃

六十、花蔺科 Butomaceae

花蔺[lìn] *Butomus umbellatus* L.

花蔺科，花蔺属，多年生草本。生于水边沼泽。分布于乌尔逊河、克尔伦河边。拍摄于乌尔逊河边。

ᠵᠡᠭᠡᠷᠭᠡᠨᠡ ᠤᠰᠤᠨ ᠪᠤᠳᠠᠭᠠ

ᠵᠡᠭᠡᠷᠭᠡᠨᠡ᠄ ᠪᠠᠰᠠ ᠨᠡᠷ᠎ᠡ ᠨᠢ ᠤᠰᠤᠨ ᠪᠤᠳᠠᠭᠠ᠃ ᠬᠤᠯᠤᠰᠤᠨ ᠤ ᠢᠵᠠᠭᠤᠷᠲᠠᠨ᠂ ᠵᠡᠭᠡᠷᠭᠡᠨᠡ ᠲᠥᠷᠥᠯ᠂ ᠣᠯᠠᠨ ᠨᠠᠰᠤᠲᠤ ᠡᠪᠡᠰᠦᠯᠢᠭ ᠤᠷᠭᠤᠮᠠᠯ᠃ ᠤᠰᠤᠨ ᠳᠤ᠂ ᠤᠰᠤᠨ ᠤ ᠬᠥᠪᠡᠭᠡᠨ ᠳ᠋ᠤ ᠤᠷᠭᠤᠨᠠ᠃ ᠤᠯᠠᠭᠠᠨ ᠭᠣᠣᠯ ᠤᠨ ᠤᠰᠤᠨ ᠳᠤ ᠲᠠᠷᠬᠠᠨᠠ᠃

六十一、禾本科 Gramineae

1. 菰 *Zizania latifolia* (Griseb.) Turcz. ex Stapf

别名：茭白

禾本科，菰属，多年生草本。生于水中，水泡子边缘。分布于乌尔逊河水中。拍摄于乌尔逊河边。

2. 芦苇 *Phragmites australis*（Cav.）Trin. ex Steudel.

别名：芦草、苇子、热河芦苇

禾本科，芦苇属，多年生草本。生于池塘、河边、湖泊水中，在盐碱地，干旱沙丘和多石的坡地上也能生长。造纸原料，药用植物。分布于全旗各地。拍摄于克尔伦河边。

3. 沿沟草 *Catabrosa aquatica*（L.）P. Beauv.

禾本科，沿沟草属，多年生草本。生于河边、湖旁和积水洼地的草甸上。分布于乌兰泡。拍摄于乌兰泡。

ᠦᠨᠳᠦᠷᠯᠢᠭ ᠦᠨ ᠡᠩᠭᠡᠷ

ᠮᠣᠩᠭᠣᠯ ᠬᠢᠯᠭᠠᠨ᠎ᠠ ᠨᠢ ᠣᠯᠠᠨ ᠨᠠᠰᠤᠲᠤ ᠡᠪᠡᠰᠦᠯᠢᠭ ᠤᠷᠭᠤᠮᠠᠯ᠃ ᠥᠭᠡᠷᠡᠯᠢᠭ ᠬᠠᠶᠢᠷ ᠴᠢᠯᠠᠭᠤᠯᠢᠭ ᠠᠭᠤᠯᠠᠷᠬᠠᠭ ᠳᠣᠪᠤ ᠶᠢᠨ ᠡᠩᠭᠡᠷ ᠪᠣᠯᠤᠨ ᠳᠣᠪᠤ ᠶᠢᠨ ᠣᠷᠣᠢ ᠳᠤ ᠤᠷᠭᠤᠨ᠎ᠠ᠃ ᠬᠤᠰᠢᠭᠤᠨ ᠤ ᠤᠮᠠᠷᠠᠳᠤ ᠬᠡᠰᠡᠭ ᠤᠨ ᠳᠣᠪᠤ ᠳ᠋ᠤ ᠲᠠᠷᠬᠠᠨ᠎ᠠ᠃

4. 蒙古羊茅 *Festuca mongolica*（S. R. Liu et Y. C. Ma）Y. Z. Zhao

禾本科，羊茅属，多年生草本。生于砾石质山地丘陵坡地及丘顶。分布于旗北部丘陵。拍摄于成吉思汗边堡北查干陶勒盖西。

ᠬᠢᠯᠭᠠᠨ᠎ᠠ

ᠬᠢᠯᠭᠠᠨ᠎ᠠ ᠨᠢ ᠣᠯᠠᠨ ᠨᠠᠰᠤᠲᠤ ᠡᠪᠡᠰᠦᠯᠢᠭ ᠤᠷᠭᠤᠮᠠᠯ᠃ ᠠᠭᠤᠯᠠᠷᠬᠠᠭ ᠣᠢ ᠶᠢᠨ ᠬᠥᠪᠡᠭᠡᠨ ᠤ ᠨᠤᠭᠤ ᠳᠤ ᠤᠷᠭᠤᠨ᠎ᠠ᠃ ᠬᠥᠯᠦᠨ ᠪᠠᠯᠭᠠᠰᠤ᠂ ᠠᠷ ᠬᠠᠱᠠᠲᠤ ᠪᠠᠯᠭᠠᠰᠤ᠂ ᠳᠠᠯᠠᠢ ᠰᠤᠮᠤ ᠳᠤ ᠲᠠᠷᠬᠠᠨ᠎ᠠ᠃

5. 羊茅 *Festuca ovina* L.

禾本科，羊茅属，多年生草本。生于山地林缘草甸。分布于呼伦镇、阿日哈沙特镇、达赉苏木。拍摄于阿贵洞。

ᠰᠠᠷᠪᠠᠭᠠᠷ ᠲᠦᠯᠦᠭᠡᠢ ᠡᠪᠡᠰᠦ

ᠣᠨᠴᠠᠯᠢᠭ᠄

ᠦᠶᠡᠳᠦ ᠢᠢᠨ ᠣᠪᠣᠭ ᠤᠨ᠂ ᠲᠦᠯᠦᠭᠡᠢ ᠡᠪᠡᠰᠦᠨ ᠦ ᠲᠦᠷᠦᠯ ᠦᠨ᠂ ᠣᠯᠠᠨ ᠨᠠᠰᠤᠲᠤ ᠡᠪᠡᠰᠦᠯᠢᠭ ᠤᠷᠭᠤᠮᠠᠯ᠃ ᠭᠣᠣᠯ ᠤᠨ ᠬᠦᠨᠳᠡᠢ ᠢᠢᠨ ᠨᠠᠮᠤᠭᠲᠤ ᠨᠤᠲᠤᠭ ᠲᠤ ᠤᠷᠭᠤᠨᠠ᠃ ᠨᠣᠭᠣᠭᠠᠨ ᠰᠢᠨᠡᠬᠡᠨ ᠳᠡᠭᠡᠨ ᠦᠬᠡᠷ ᠲᠠᠭᠠᠰᠢᠶᠠᠨ ᠢᠳᠡᠨᠡ᠃ ᠠᠷᠤ ᠬᠠᠰᠢᠶᠠᠲᠤ ᠪᠠᠯᠭᠠᠰᠤ᠂ ᠬᠡᠷᠦᠯᠦᠨ ᠭᠣᠣᠯ ᠤᠨ ᠡᠮᠦᠨᠡ ᠡᠷᠭᠢ᠂ ᠤᠷᠤᠰᠤᠨ ᠭᠣᠣᠯ ᠤᠨ ᠬᠦᠨᠳᠡᠢ ᠳᠦ ᠲᠠᠷᠬᠠᠨ᠎ᠠ᠃

6. 散穗早熟禾 *Poa subfastigiata* Trin.

禾本科，早熟禾属，多年生草本。生于河谷滩地草甸。青鲜时牛乐食。分布于阿日哈沙特镇、克尔伦河南岸、乌尔逊河谷。拍摄于克尔伦河边。

ᠨᠤᠭᠤ ᠢᠢᠨ ᠲᠦᠯᠦᠭᠡᠢ ᠡᠪᠡᠰᠦ

ᠣᠨᠴᠠᠯᠢᠭ᠄

ᠦᠶᠡᠳᠦ ᠢᠢᠨ ᠣᠪᠣᠭ ᠤᠨ᠂ ᠲᠦᠯᠦᠭᠡᠢ ᠡᠪᠡᠰᠦᠨ ᠦ ᠲᠦᠷᠦᠯ ᠦᠨ᠂ ᠣᠯᠠᠨ ᠨᠠᠰᠤᠲᠤ ᠡᠪᠡᠰᠦᠯᠢᠭ ᠤᠷᠭᠤᠮᠠᠯ᠃ ᠨᠠᠮᠤᠭ᠂ ᠨᠠᠮᠤᠭᠵᠢᠭᠰᠠᠨ ᠬᠡᠭᠡᠷᠡ᠂ ᠠᠭᠤᠯᠠᠨ ᠤ ᠣᠢ ᠢᠢᠨ ᠬᠦᠪᠡᠭᠡ ᠪᠣᠯᠤᠨ ᠣᠢ ᠢᠢᠨ ᠳᠣᠣᠷᠠ ᠤᠷᠭᠤᠨᠠ᠃ ᠲᠦᠷᠦᠯ ᠪᠦᠷᠢ ᠢᠢᠨ ᠮᠠᠯ ᠲᠠᠭᠠᠰᠢᠶᠠᠨ ᠢᠳᠡᠨᠡ᠃ ᠠᠷᠤ ᠬᠠᠰᠢᠶᠠᠲᠤ ᠪᠠᠯᠭᠠᠰᠤ ᠪᠣᠯᠤᠨ ᠬᠣᠰᠢᠭᠤᠨ ᠤ ᠤᠮᠠᠷᠠᠲᠤ ᠬᠡᠰᠡᠭ ᠦᠨ ᠬᠡᠭᠡᠷᠡ ᠳᠦ ᠲᠠᠷᠬᠠᠨ᠎ᠠ᠃

7. 草地早熟禾 *Poa pratensis* L.

禾本科，早熟禾属，多年生草本。生于草甸、草甸化草原、山地林缘及林下。各种家畜均喜食。分布于阿日哈沙特镇及旗北部草原。拍摄于成吉思汗边堡北查干陶勒盖。

ᠬᠠᠳᠠᠭᠤ ᠴᠢᠨᠠᠷᠲᠤ ᠪᠣᠲᠠᠭᠠᠨ᠎ᠠ

ᠲᠦᠷᠦᠯ ᠤᠨ ᠨᠢᠭᠡ ᠵᠦᠢᠯ ᠤᠨ ᠣᠯᠠᠨ ᠨᠠᠰᠤᠲᠤ ᠡᠪᠡᠰᠦ ᠃ ᠲᠠᠯ᠎ᠠ ᠭᠠᠵᠠᠷ ᠂ ᠡᠯᠡᠰᠦ ᠂ ᠠᠭᠤᠯᠠ ᠂ ᠨᠠᠮᠤᠭ ᠪᠠ ᠳᠠᠪᠤᠰᠤᠷᠬᠠᠭ ᠨᠠᠮᠤᠭ ᠲᠤ ᠤᠷᠭᠤᠨ᠎ᠠ ᠃ ᠮᠣᠷᠢ ᠂ ᠬᠣᠨᠢ ᠳᠤᠷᠠᠲᠠᠢᠢᠠᠷ ᠢᠳᠡᠨ᠎ᠡ ᠃ ᠬᠣᠰᠢᠭᠤᠨ ᠤ ᠡᠯ᠎ᠡ ᠭᠠᠵᠠᠷ ᠢᠶᠠᠷ ᠲᠠᠷᠬᠠᠨ᠎ᠠ ᠃

8. 硬质早熟禾 *Poa sphondylodes* Trin.

禾本科，早熟禾属，多年生草本。生于草原、沙地、山地、草甸和盐化草甸。马、羊喜食。分布于全旗各地。拍摄于达赉苏木海日罕乌拉。

ᠨᠠᠷᠢᠰᠤᠬᠤ ᠪᠣᠲᠠᠭᠠᠨ᠎ᠠ

ᠲᠦᠷᠦᠯ ᠤᠨ ᠨᠢᠭᠡ ᠵᠦᠢᠯ ᠤᠨ ᠣᠯᠠᠨ ᠨᠠᠰᠤᠲᠤ ᠡᠪᠡᠰᠦ ᠃ ᠡᠭᠡᠯ ᠲᠠᠯ᠎ᠠ ᠂ ᠣᠢ ᠲᠠᠯ᠎ᠠ ᠪᠠ ᠠᠭᠤᠯᠠ ᠶᠢᠨ ᠬᠠᠢᠷ ᠴᠢᠯᠠᠭᠤᠷᠬᠠᠭ ᠠᠭᠤᠯᠠ ᠶᠢᠨ ᠬᠣᠷᠮᠠᠢ ᠳᠤ ᠤᠷᠭᠤᠨ᠎ᠠ ᠃ ᠬᠣᠰᠢᠭᠤᠨ ᠤ ᠡᠯ᠎ᠡ ᠭᠠᠵᠠᠷ ᠢᠶᠠᠷ ᠲᠠᠷᠬᠠᠨ᠎ᠠ ᠃

9. 渐狭早熟禾 *Poa attenuata* Trin.

别名：葡系早熟禾

禾本科，早熟禾属，多年生草本。生于典型草原、森林草原及山地砾石质山坡。分布于全旗各地。拍摄于达赉苏木海日罕乌拉。

ᠮᠢᠩᠭ᠎ᠠ ᠶᠢᠨ ᠡᠪᠡᠰᠦ

10. 星星草 *Puccinellia tenuiflora* （Griseb.） Scribn. et Merr.

禾本科，碱茅属，多年生草本。生于盐化草甸、盐渍低地。各类家畜喜食。分布于全旗各地。拍摄于克尔伦苏木莫日斯格东。

ᠬᠠᠪᠲᠠᠭᠠᠢ ᠬᠢᠯᠭᠠᠨ᠎ᠠ

11. 鹤甫碱茅 *Puccinellia hauptiana* (Trin. ex V. I. Krecz.) Kitag.

禾本科，碱茅属，多年生草本。生于河边、湖畔低湿地、盐化草甸、田边、路旁。分布于阿日哈沙特镇、阿拉坦额莫勒镇。拍摄于阿贵洞。

12. 朝鲜碱茅 *Puccinellia chinampoensis* Ohwi

禾本科，碱茅属，多年生草本。生于盐化湿地。分布于阿日哈沙特镇阿贵洞。拍摄于阿贵洞。

13. 无芒雀麦 *Bromus inermis* Leyss.

别名：禾萱草、无芒草、短枝雀麦

禾本科，雀麦属，多年生草本。生于草甸、林缘、山间谷地、河边、路旁、沙丘间草地。各种家畜所喜食。分布于全旗各地。拍摄于达赉苏木伊和马乌拉。

ᠤᠯᠠᠯᠵᠢ ᠡᠪᠡᠰᠦ

14. 偃麦草 *Elytrigia repens*（L.）Desv. ex B. D. Jackson

别名：速生草

禾本科，偃麦草属，多年生草本。生于河谷草甸、河岸、滩地、湖边湿润草甸。各种牲畜均喜食，青鲜时为牛最喜食。分布于阿日哈沙特镇、乌尔逊河沿岸。拍摄于阿贵洞。

ᠬᠢᠶᠠᠭ ᠡᠪᠡᠰᠦ

15. 冰草 *Agropyron cristatum*（L.）Gaertn.

别名：根茎冰草

禾本科，冰草属，多年生草本。生于干燥草地、山坡、丘陵以及沙地。药用植物。适口性好，一年四季为各种家畜所喜食。分布于全旗各地。拍摄于阿拉坦额莫勒镇额尔敦乌拉。

ᠬᠥᠮᠥᠯᠢ ᠲᠣᠭᠣᠰᠣ᠃

16. 沙芦草 *Agropyron mongolicum* Keng

禾本科，冰草属，多年生草本。生于干燥草原、沙地、石质坡地。马、牛、羊均喜食。药用植物。分布于宝格德乌拉苏木、阿拉坦额莫勒镇西南砂矿周围。拍摄于宝格德乌拉沙地南。

ᠰᠢᠪᠸᠷ ᠦᠨ ᠬᠤᠰᠢᠶᠠ ᠥᠪᠡᠰᠥ᠃

17. 老芒麦 *Elymus sibiricus* L.

禾本科，披碱草属，多年生草本。生于路旁、山坡、丘陵、山地林缘及草甸草原。分布于全旗各地。拍摄于阿拉坦额莫勒镇克尔伦桥边。

ᠤᠨᠵᠢᠭᠤᠷ ᠬᠣᠰᠢᠭᠤᠨ ᠎ᠤ

18. 垂穗披碱草 *Elymus nutans* Griseb.

禾本科，披碱草属，多年生草本。生于山地林下、林缘、草甸、路旁。分布于呼伦镇、阿拉坦额莫勒镇、克尔伦苏木。拍摄于阿拉坦额莫勒镇北。

ᠳᠤᠭᠤᠷᠢᠭ ᠬᠣᠰᠢᠭᠤᠨ ᠎ᠤ

19. 圆柱披碱草 *Elymus dahuricus* Turcz. ex Griseb. var. *cylindricus* Franch.

禾本科，披碱草属，多年生草本。生于山坡、林缘草甸、路旁草地、田野。分布于呼伦镇、阿日哈沙特镇。拍摄于阿贵洞。

ᠬᠣᠨᠢᠨ ᠡᠪᠡᠰᠦ ᠄

ᠦᠷᠬᠡᠨ ᠲᠠᠯ᠎ᠠ᠂ ᠲᠣᠯᠣᠭᠠᠶᠢᠲᠤ ᠨᠠᠮᠤᠬᠠᠨ ᠠᠭᠤᠯᠠ᠂ ᠲᠣᠯᠣᠭᠠᠶᠢᠲᠤ ᠬᠦᠨᠳᠡᠢ ᠳᠦ᠂ ᠬᠣᠵᠢᠷᠠᠭ ᠨᠠᠮ ᠭᠠᠵᠠᠷ ᠲᠤ ᠦᠷᠭᠡᠨ ᠢᠶᠡᠷ ᠤᠷᠭᠤᠨ᠎ᠠ᠃ ᠰᠢᠮᠡᠯᠢᠭ ᠪᠣᠳᠠᠰ ᠡᠯᠪᠡᠭ᠃ ᠵᠤᠨ ᠨᠠᠮᠤᠷ ᠤᠨ ᠤᠯᠠᠷᠢᠯ ᠳᠤ ᠮᠠᠯ ᠤᠨ ᠲᠠᠷᠭᠤ ᠠᠪᠬᠤ ᠡᠪᠡᠰᠦ᠃

20. 羊草 *Leymus chinensis*（Trin. ex Bunge）Tzvel.

别名：碱草

禾本科，赖草属，多年生草本。广泛生长于开阔平原、起伏的低山丘陵，以及河滩和盐渍低地。营养物质丰富，在夏秋季节是家畜抓膘牧草。分布于全旗各地。拍摄于阿贵洞南。

ᠬᠠᠷᠠ ᠬᠢᠯᠭᠠᠨ᠎ᠠ ᠄

ᠡᠪᠡᠰᠦᠲᠦ ᠬᠣᠵᠢᠷ᠂ ᠡᠯᠡᠰᠦ᠂ ᠲᠣᠯᠣᠭᠠᠶᠢᠲᠤ ᠭᠠᠵᠠᠷ᠂ ᠠᠭᠤᠯᠠ ᠶᠢᠨ ᠪᠡᠯ᠂ ᠲᠠᠷᠢᠶᠠᠨ ᠳᠤᠮᠳᠠ᠂ ᠵᠠᠮ ᠤᠨ ᠬᠠᠵᠠᠭᠤ ᠳᠤ ᠤᠷᠭᠤᠨ᠎ᠠ᠃ ᠡᠮ ᠤᠨ ᠤᠷᠭᠤᠮᠠᠯ᠃ ᠨᠣᠭᠣᠭᠠᠨ ᠰᠢᠨᠡᠬᠡᠨ ᠪᠠᠶᠢᠬᠤ ᠳᠤ ᠦᠬᠡᠷ ᠮᠣᠷᠢ ᠳᠤᠷᠠᠲᠠᠢ ᠢ�dᠡᠨ᠎ᠡ᠂ ᠬᠣᠨᠢ ᠢᠳᠡᠬᠦ ᠨᠢ ᠮᠠᠭᠤ᠃

21. 赖草 *Leymus secalinus* (Georgi) Tzvel.

别名：老披碱、厚穗碱草

禾本科，赖草属，多年生草本。生于盐化草甸、沙地、丘陵地、山坡、田间、路旁。药用植物。在青鲜状态下为牛和马所喜食，而羊采食较差。分布于全旗各地。拍摄于阿拉坦额莫勒镇西庙。

ᠰᠡᠭᠦᠯᠲᠦ ᠠᠷᠪᠠᠢ

ᠮᠠᠠᠽᠢ ᠶᠢᠨ ᠥᠪᠡᠷᠮᠢᠴᠡ ᠴᠡᠴᠡᠭᠲᠦ᠂ ᠬᠣᠶᠠᠷ ᠨᠠᠰᠤᠲᠤ ᠡᠪᠡᠰᠦ᠃ ᠨᠤᠲᠤᠭ ᠤᠨ ᠪᠡᠯᠴᠢᠭᠡᠷ᠂ ᠬᠦᠷᠢᠶᠡᠨ ᠤ ᠡᠪᠡᠰᠦᠯᠢᠭ ᠲᠠᠯᠠᠪᠠᠢ ᠳ᠋ᠤ ᠤᠷᠭᠤᠨᠠ᠃

22. 芒颖大麦草 *Hordeum jubatum* Linn.

别名：芒麦草

禾本科，大麦草属。二年生草本。生长于草地、庭院草坪。分布于阿拉坦额莫勒镇、克尔伦苏木。拍摄于阿拉坦额莫勒镇农牧局院。

ᠪᠣᠭᠣᠨᠢ ᠠᠷᠪᠠᠢ

ᠮᠠᠠᠽᠢ ᠶᠢᠨ ᠥᠪᠡᠷᠮᠢᠴᠡ ᠴᠡᠴᠡᠭᠲᠦ᠂ ᠣᠯᠠᠨ ᠨᠠᠰᠤᠲᠤ ᠡᠪᠡᠰᠦ᠃ ᠬᠣᠵᠢᠷᠯᠢᠭ ᠳ᠋ᠠ᠂ ᠭᠤᠤᠯ ᠤᠨ ᠬᠥᠪᠡᠭᠡᠨ ᠤ ᠴᠢᠭᠢᠭᠯᠢᠭ ᠳᠤᠤᠷᠠᠲᠤ ᠭᠠᠵᠠᠷ ᠳ᠋ᠤ ᠤᠷᠭᠤᠨᠠ᠃

23. 短芒大麦草 *Hordeum brevisubulatum* (Trin.) Link

别名：野黑麦

禾本科，大麦草属。多年生草本。生于盐碱滩、河岸低湿地。青鲜时，牛和马喜食，羊乐食。分布于宝格德乌拉苏木、克尔伦苏木、呼伦湖沿岸。拍摄于宝格德乌拉苏木根子南浩来。

ᠬᠢᠷᠭᠢᠰᠤ ᠡᠪᠡᠰᠤ

24. 菭[qià]草 *Koeleria macrantha*
(Ledeb.) Schult.

别名：六月禾

禾本科，菭草属。多年生草本。生于典型草原、森林草原、草原化草甸。适口性好，羊最喜食，牛和骆驼乐食。分布于全旗各地。拍摄于贝尔苏木莫农塔拉。

ᠬᠡᠭᠡᠷ᠎ᠡ ᠶᠢᠨ ᠠᠷᠪᠠᠢ

25. 野燕麦 *Avena fatua* L.

禾本科，燕麦属，一年生草本。生长于山地林缘、田间、路旁。药用植物。分布于阿拉坦额莫勒镇、达赉苏木。拍摄于达赉苏木乌布格德乌拉北。

ᠦᠨᠦᠷᠲᠦ ᠬᠢᠯᠭᠠᠨ᠎ᠠ

ᠬᠦᠮᠦᠯᠢ ᠶᠢᠨ ᠣᠪᠤᠭ ᠤᠨ ᠡᠪᠡᠰᠦ᠃
ᠭᠣᠣᠯ ᠤᠨ ᠬᠥᠨᠳᠡᠢ ᠶᠢᠨ ᠨᠠᠮᠤᠭ᠂
ᠴᠢᠭᠢᠭ ᠲᠠᠢ ᠨᠤᠲᠤᠭ᠂ ᠲᠠᠷᠢᠶ᠎ᠠ᠃
ᠬᠦᠯᠦᠨ ᠪᠠᠯᠭᠠᠰᠤ ᠳᠤ ᠲᠠᠷᠬᠠᠨ᠎ᠠ᠃
ᠬᠦᠯᠦᠨ ᠪᠠᠯᠭᠠᠰᠤᠨ ᠤ
ᠳᠠᠱᠢᠮᠤᠨᠠᠨ ᠳᠤ ᠵᠢᠷᠤᠭ
ᠠᠪᠤᠪᠠ᠃

26. 光稃茅香 *Anthoxanthum glabrum* (Trin.) Veldkamp

　　禾本科，茅香属，多年生草本。生于河谷草甸、湿润草地、田野。分布于呼伦镇。拍摄于呼伦镇达石莫南。

ᠪᠣᠭᠣᠨᠢ ᠲᠦᠷᠦᠭᠡᠲᠦ ᠦᠨᠡᠭᠡᠨ ᠰᠡᠭᠦᠯ

ᠬᠦᠮᠦᠯᠢ ᠶᠢᠨ ᠣᠪᠤᠭ ᠤᠨ ᠡᠪᠡᠰᠦ᠃
ᠭᠣᠣᠯ ᠤᠨ ᠬᠥᠪᠡᠭᠡᠨ ᠤ ᠨᠠᠮᠤᠭ᠂
ᠴᠢᠭᠢᠭᠲᠦ ᠲᠠᠯ᠎ᠠ᠂ ᠠᠭᠤᠯᠠ ᠶᠢᠨ
ᠵᠤᠷᠭ᠎ᠠ ᠶᠢᠨ ᠨᠠᠮᠤᠭ᠃ ᠬᠦᠯᠦᠨ
ᠨᠠᠭᠤᠷ ᠤᠨ ᠬᠥᠪᠡᠭᠡ ᠳᠤ ᠲᠠᠷᠬᠠᠨ᠎ᠠ᠃
ᠬᠦᠯᠦᠨ ᠨᠠᠭᠤᠷ ᠤᠨ ᠪᠠᠷᠠᠭᠤᠨ
ᠬᠣᠢᠲᠤ ᠳᠤ ᠵᠢᠷᠤᠭ ᠠᠪᠤᠪᠠ᠃

27. 短穗看麦娘 *Alopecurus brachystachyus* M. Bieb.

　　禾本科，看麦娘属，多年生草本。生于河滩草甸、潮湿草原、山沟湿地。分布于呼伦湖岸。拍摄于呼伦湖西北。

ᠮᠥᠨᠳᠦᠷ ᠲᠠᠯ ᠤᠨ ᠬᠢᠯᠭᠠᠨ᠎ᠠ ᠄

ᠬᠥᠨᠳᠡᠯᠡᠨ ᠂ ᠬᠡᠯᠲᠡᠰᠦ ᠂ ᠨᠢᠭᠡ ᠨᠠᠰᠤᠨ ᠤ ᠡᠪᠡᠰᠦ ᠃ ᠬᠥᠨᠳᠡᠯᠡᠨ ᠤ ᠲᠠᠯ ᠂ ᠡᠯᠡᠰᠦᠨ ᠳᠣᠪᠤᠴᠠᠭ ᠤᠨ ᠵᠠᠪᠰᠠᠷ ᠤᠨ ᠲᠠᠯ ᠂ ᠵᠠᠮ ᠤᠨ ᠬᠥᠪᠡᠭᠡ ᠪᠡᠷ ᠤᠷᠭᠤᠨ᠎ᠠ ᠃ ᠠᠯᠲᠠᠨ ᠡᠮᠦᠨ᠎ᠡ ᠪᠠᠯᠭᠠᠰᠤ ᠂ ᠪᠠᠭᠠ ᠳᠡᠭᠡᠷ᠎ᠡ ᠤᠤᠯ ᠤᠨ ᠰᠤᠮᠤ ᠂ ᠬᠥᠯᠥᠨ ᠨᠠᠭᠤᠷ ᠤᠨ ᠥᠷᠥᠨ᠎ᠡ ᠡᠷᠭᠢ ᠳᠤ ᠲᠠᠷᠬᠠᠨ᠎ᠠ ᠃

28. 大拂子茅 *Calamagrostis macrolepis* Litv.

禾本科，拂子茅属，多年生草本。生于沟谷草甸、沙丘间草甸、路边。分布于阿拉坦额莫勒镇、宝格德乌拉苏木、呼伦湖西岸。拍摄于宝格德乌拉沙地南。

ᠬᠢᠯᠭᠠᠨ᠎ᠠ ᠄

ᠬᠥᠨᠳᠡᠯᠡᠨ ᠂ ᠬᠡᠯᠲᠡᠰᠦ ᠂ ᠣᠯᠠᠨ ᠨᠠᠰᠤᠨ ᠤ ᠡᠪᠡᠰᠦ ᠃ ᠭᠣᠣᠯ ᠤᠨ ᠲᠠᠯ ᠂ ᠠᠭᠤᠯᠠ ᠤᠨ ᠲᠠᠯ ᠂ ᠬᠥᠨᠳᠡᠯᠡᠨ ᠂ ᠨᠠᠮᠤᠭ ᠂ ᠡᠯᠡᠰᠦ ᠪᠡᠷ ᠤᠷᠭᠤᠨ᠎ᠠ ᠃ ᠬᠥᠯᠥᠨ ᠪᠠᠯᠭᠠᠰᠤ ᠂ ᠪᠠᠭᠠ ᠳᠡᠭᠡᠷ᠎ᠡ ᠤᠤᠯ ᠤᠨ ᠰᠤᠮᠤ ᠂ ᠬᠥᠯᠥᠨ ᠨᠠᠭᠤᠷ ᠤᠨ ᠬᠥᠪᠡᠭᠡ ᠪᠡᠷ ᠲᠠᠷᠬᠠᠨ᠎ᠠ ᠃

29. 拂子茅 *Calamagrostis epigeios*（L.）Roth

禾本科，拂子茅属，多年生草本。生于河滩草甸，山地草甸、沟谷、低地、沙地。分布于呼伦镇、宝格德乌拉苏木、呼伦湖边。拍摄于呼伦镇达石莫音阿日山北。

ᠬᠥᠬᠡᠭᠡᠷ ᠡᠪᠡᠰᠦ᠃

ᠨᠤᠭᠤ᠂ ᠭᠤᠤ ᠵᠢᠨ ᠵᠠᠬ᠎ᠠ᠂ ᠬᠥᠨᠳᠡᠢ᠂
ᠨᠠᠮᠤᠭ᠂ ᠡᠯᠡᠰᠦ᠂ ᠠᠭᠤᠯᠠ ᠵᠢᠨ
ᠪᠡᠯᠴᠢᠭᠡᠷ ᠤᠨ ᠡᠪᠡᠰᠦ ᠨᠠᠮᠠᠭᠠᠨ
ᠴᠢᠭᠢᠭᠯᠢᠭ ᠭᠠᠵᠠᠷ ᠤᠷᠭᠤᠨ᠎ᠠ᠃
ᠬᠥᠯᠥᠨ ᠨᠠᠭᠤᠷ ᠤᠨ ᠡᠷᠭᠢ ᠪᠡᠷ
ᠲᠠᠷᠬᠠᠨ᠎ᠠ᠃

30. 假苇拂子茅 *Calamagrostis pseudophragmites* (A. Hall.) Koeler.

禾本科，拂子茅属，生于河滩，沟谷、低地、沙地、山坡草地或阴湿之处。分布于呼伦湖沿岸。拍摄于呼伦湖西北。

ᠤᠰᠤᠨ ᠤᠯᠠᠭᠠᠨ ᠡᠪᠡᠰᠦ᠃

ᠨᠤᠭᠤᠭᠠᠨ ᠤ ᠵᠠᠬ᠎ᠠ᠂ ᠭᠤᠤ ᠵᠢᠨ
ᠬᠥᠨᠳᠡᠢ᠂ ᠠᠭᠤᠯᠠ ᠵᠢᠨ ᠭᠤᠤ ᠵᠢᠨ
ᠭᠤᠷᠤᠬᠠᠨ ᠤ ᠵᠠᠬ᠎ᠠ ᠵᠠᠮ ᠤᠨ
ᠬᠠᠵᠠᠭᠤ ᠪᠠᠷ ᠤᠷᠭᠤᠨ᠎ᠠ᠃ ᠠᠯᠲᠠᠨ
ᠡᠮᠡᠯ ᠪᠠᠯᠭᠠᠰᠤ᠂ ᠬᠡᠷᠡᠯᠦᠨ
ᠰᠤᠮᠤ ᠪᠠᠷ ᠲᠠᠷᠬᠠᠨ᠎ᠠ᠃

31. 巨序剪股颖 *Agrostis gigantea* Roth

别名：小糠草、红顶草

禾本科，剪股颖属，多年生草本。生于林缘、沟谷、山沟溪边以及路旁。分布于阿拉坦额莫勒镇、克尔伦苏木。拍摄于克尔伦苏木固日班尼阿日山北。

ᠲᠠᠷᠬᠠᠭᠰᠠᠨ ᠪᠠᠶᠢᠨ᠎ᠠ᠃ ᠤᠯᠠᠭᠠᠨᠬᠠᠳᠠ ᠶᠢᠨ᠂ ᠵᠢᠷᠤᠭ᠎ᠢ ᠮᠦᠨ

ᠪᠤᠷᠤ ᠭᠤᠤᠯ᠂ ᠬᠥᠯᠦᠨ ᠨᠠᠭᠤᠷ ᠤᠨ ᠬᠥᠪᠡᠭᠡᠨ ᠳᠦ

32. 歧序翦股颖 *Agrostis divaricatissima* Mez

别名：蒙古翦股颖

禾本科，翦股颖属，多年生草本。生于河滩、谷地、低地草甸。分布于阿日哈沙特镇阿贵洞、乌尔逊河、呼伦湖岸。拍摄于乌尔逊河边。

ᠲᠠᠷᠬᠠᠭᠰᠠᠨ ᠪᠠᠶᠢᠨ᠎ᠠ᠃

33. 茵[wáng]草 *Beckmannia syzigachne*（Steud.）Fernald

禾本科，茵草属，一年生草本。生于水边、潮湿之处。各种家畜均采食。分布于阿日哈沙特镇阿贵洞、克尔伦河、乌尔逊河沿岸。拍摄于克尔伦河边。

ᠭᠢᠴᠢᠷ ᠤᠨ ᠬᠢᠯᠭᠠᠨ᠎ᠠ

34. 克氏针茅 *Stipa krylovii* Roshev.

别名：西北针茅

禾本科，针茅属，多年生草本。生于典型草原。分布于全旗各地。拍摄于达赉苏木马尼图。

35. 小针茅 *Stipa klemanzii* Roshev.

别名：克里门茨针茅

禾本科，针茅属，多年生草本。生于荒漠化草原。全年为各种牲畜最喜吃。分布于阿日哈沙特镇、阿拉坦额莫勒镇、宝格德乌拉苏木、达赉苏木。拍摄于阿贵洞南。

36. 贝加尔针茅 *Stipa baicalensis* Roshev.

别名：狼针草

禾本科，针茅属，多年生草本。生于草甸草原。分布于呼伦镇。拍摄于呼伦镇都乌拉。

37. 大针茅 *Stipa grandis* P. A. Smirn.

禾本科，针茅属，多年生草本。生于典型草原。各种牲畜四季都乐意吃。分布于全旗各地。拍摄于宝格德乌拉山北。

229

38. 芨芨草 *Achnatherum splendens*（Trin.）Nevski

别名：积机草

禾本科，芨芨草属，多年生草本。生于盐化低地、湖盆边缘、丘间低地、干河床、阶地、侵蚀洼地、低山丘陵等地。药用植物。在春末和夏初，骆驼和牛乐食，羊和马采食较少；在冬季，各种家畜均采食。分布于全旗各地。拍摄于克尔伦苏木莫日斯格东。

39. 羽茅 *Achnatherum sibiricum*（L.）Keng ex Tzvel.

别名：西伯利亚羽茅、光颖芨芨草

禾本科，芨芨草属，多年生草本。生于典型草原、草甸草原、山地草原、草原化草甸、山地林缘、灌丛群落中。春夏季节青鲜时为牲畜所喜食饲料。分布于全旗各地。拍摄于达赉苏木巴嘎双乌拉东。

ᠲᠠᠪᠢᠨ ᠤ ᠡᠪᠡᠰᠦ

40. 冠芒草 *Enneapogon desvauxii* P. Beauv.

别名：九顶草

禾本科，冠芒草属，一年生草本。生于砂砾质荒漠草原、小型洼地、河滩地、径流线等低湿生境中。在青鲜时，羊、马和骆驼喜食。牧民认为，在夏秋季它是一种良好的催肥牧草。分布于克尔伦苏木。拍摄于克尔伦苏木莫日斯格东南。

ᠨᠠᠷᠢᠨ ᠡᠪᠡᠰᠦ

41. 画眉草 *Eragrostis pilosa*（L.）P. Beauv.

别名：星星草

禾本科，画眉草属，一年生草本。生于田野、撂荒地、路边。药用植物。分布于全旗各地。拍摄于达赉苏木乌布格德乌拉北。

42. 多秆画眉草 *Eragrostis multicaulis* Steud.

别名：无毛画眉草

禾本科，画眉草属，一年生草本。生于田野、撂荒地、路旁。分布于全旗各地。拍摄于达赉苏木乌布格德乌拉北。

43. 小画眉草 *Eragrostis minor* Host

禾本科，画眉草属，一年生草本。生于田野、路边和撂荒地。分布于全旗各地。拍摄于贝尔苏木布达图南。

ᠲᠣᠷᠭᠠᠨ ᠬᠠᠭᠤᠳᠠᠰᠤ ᠡᠪᠡᠰᠦ

ᠬᠥᠬᠡᠭᠴᠢᠨ ᠤ ᠡ᠊ ᠨᠡᠷᠡᠶᠢᠳᠦᠯ ᠭᠡᠵᠦ᠃ ᠬᠥᠢᠯᠡᠰᠦᠨ ᠤ ᠢᠵᠠᠭᠤᠷ ᠤᠨ᠂ ᠲᠣᠷᠭᠠᠨ ᠬᠠᠭᠤᠳᠠᠰᠤ ᠡᠪᠡᠰᠦᠨ ᠤ ᠲᠥᠷᠥᠯ ᠤᠨ᠂ ᠣᠯᠠᠨ ᠵᠢᠯ ᠤᠨ ᠡᠪᠡᠰᠦᠯᠢᠭ ᠤᠷᠭᠤᠮᠠᠯ᠃ ᠣᠢ ᠲᠠᠯ᠎ᠠ᠂ ᠵᠢᠱᠢᠶᠡᠲᠦ ᠲᠠᠯ᠎ᠠ᠂ ᠴᠥᠯᠡᠷᠬᠡᠭ ᠲᠠᠯ᠎ᠠ᠂ ᠲᠠᠯᠠᠷᠬᠠᠭ ᠴᠥᠯ ᠤᠨ ᠪᠥᠭᠡᠭᠡᠨᠡᠷᠡᠯ ᠳᠤ ᠤᠷᠭᠤᠨ᠎ᠠ᠃ ᠨᠣᠭᠤᠭᠠᠨ ᠰᠢᠨᠡᠬᠡᠨ ᠦᠶᠡᠰ ᠲᠤ ᠨᠢ᠂ ᠮᠠᠯ ᠳᠤᠷᠠᠲᠠᠢ ᠢᠳᠡᠨ᠎ᠡ᠃

44. 糙隐子草 *Cleistogenes squarrosa* (Trin.) Keng

禾本科，隐子草属，多年生草本。生于森林草原、典型草原、荒漠草原、草原化荒漠群落中。在青鲜时，为家畜所喜食，特别是羊和马最喜食。分布于全旗各地。拍摄于达赉苏木马尼图。

ᠨᠢᠮᠭᠡᠨ ᠬᠠᠭᠤᠳᠠᠰᠤ ᠡᠪᠡᠰᠦ

ᠥᠭᠡᠷ᠎ᠡ ᠨᠡᠷ᠎ᠡ᠄ ᠬᠢᠲᠠᠳ ᠬᠠᠭᠤᠳᠠᠰᠤ ᠡᠪᠡᠰᠦ᠂ ᠤᠷᠲᠤ ᠴᠡᠴᠡᠭᠲᠦ ᠬᠠᠭᠤᠳᠠᠰᠤ ᠡᠪᠡᠰᠦ᠃ ᠬᠥᠢᠯᠡᠰᠦᠨ ᠤ ᠢᠵᠠᠭᠤᠷ ᠤᠨ᠂ ᠲᠣᠷᠭᠠᠨ ᠬᠠᠭᠤᠳᠠᠰᠤ ᠡᠪᠡᠰᠦᠨ ᠤ ᠲᠥᠷᠥᠯ ᠤᠨ᠂ ᠣᠯᠠᠨ ᠵᠢᠯ ᠤᠨ ᠡᠪᠡᠰᠦᠯᠢᠭ ᠤᠷᠭᠤᠮᠠᠯ᠃ ᠠᠭᠤᠯᠠᠷᠬᠠᠭ ᠲᠠᠯ᠎ᠠ᠂ ᠣᠢ ᠵᠠᠬ᠎ᠠ᠂ ᠪᠤᠲᠠᠷᠬᠠᠭ ᠳᠤ ᠤᠷᠭᠤᠨ᠎ᠠ᠃

45. 薄鞘隐子草 *Cleistogenes festucacea* Honda

别名：中华隐子草、长花隐子草
禾本科，隐子草属，多年生草本。生于山地草原、林缘、灌丛。分布于旗北部山地。拍摄于达赉苏木伊和双乌拉。

ᠳᠡᠭᠡᠳᠦᠶᠢᠨ ᠡᠪᠡᠰᠦ

ᠴᠢᠨᠠᠷ ᠠᠴᠠ ᠪᠠᠨ ᠭᠠᠳᠠᠨᠠ᠂ ᠡᠨᠡ ᠪᠣᠯ ᠰᠢᠨ᠎ᠡ ᠪᠠᠷᠭᠤ ᠪᠠᠷᠠᠭᠤᠨ ᠬᠣᠰᠢᠭᠤᠨ ᠤ ᠳᠡᠭᠡᠳᠦ ᠶᠢᠨ ᠡᠪᠡᠰᠦ ᠶᠤᠮ ᠃

ᠤᠷᠭᠤᠮᠠᠯ ᠤᠨ ᠡᠪᠡᠰᠦᠨ ᠦ ᠣᠪᠣᠭ ᠂ ᠳᠡᠭᠡᠳᠦ ᠶᠢᠨ ᠡᠪᠡᠰᠦᠨ ᠦ ᠲᠥᠷᠥᠯ ᠂ ᠣᠯᠠᠨ ᠨᠠᠰᠤᠲᠤ ᠡᠪᠡᠰᠦᠯᠢᠭ ᠤᠷᠭᠤᠮᠠᠯ ᠃

46. 中华草沙蚕 *Tripogon chinensis* (Franch.) Hack.

禾本科，草沙蚕属，多年生草本。生于山地石质及砾石质山坡和陡壁。为羊和马所喜食。分布于阿日哈沙特镇、呼伦镇、阿拉坦额莫勒镇、达赉苏木。拍摄于阿贵洞山上。

ᠮᠢᠨᠵᠢᠨ ᠰᠡᠭᠦᠯ

ᠲᠠᠷᠢᠶᠠᠨ ᠭᠠᠵᠠᠷ ᠲᠤ ᠤᠷᠭᠤᠨ᠎ᠠ ᠃ ᠰᠢᠨ᠎ᠡ ᠪᠠᠷᠭᠤ ᠪᠠᠷᠠᠭᠤᠨ ᠬᠣᠰᠢᠭᠤᠨ ᠤ ᠪᠦᠬᠦ ᠭᠠᠵᠠᠷ ᠲᠤ ᠲᠠᠷᠬᠠᠨ᠎ᠠ ᠃

ᠤᠷᠭᠤᠮᠠᠯ ᠤᠨ ᠡᠪᠡᠰᠦᠨ ᠦ ᠣᠪᠣᠭ ᠂ ᠮᠢᠨᠵᠢᠨ ᠰᠡᠭᠦᠯ ᠦᠨ ᠲᠥᠷᠥᠯ ᠂ ᠨᠢᠭᠡ ᠨᠠᠰᠤᠲᠤ ᠡᠪᠡᠰᠦᠯᠢᠭ ᠤᠷᠭᠤᠮᠠᠯ ᠃

47. 虎尾草 *Chloris virgata* Swartz

禾本科，虎尾草属，一年生草本。生于农田，撂荒地、路边、干湖盆、干河床、浅洼地中。分布于全旗各地。拍摄于阿拉坦额莫勒镇西庙。

ᠮᠠᠷᠠᠯ ᠤᠨ ᠬᠦᠵᠦᠭᠦ᠃

ᠳᠤᠮᠳᠠᠳᠤ ᠤᠯᠤᠰ ᠤᠨ ᠥᠪᠥᠷ ᠮᠣᠩᠭᠣᠯ ᠤᠨ ᠡᠪᠡᠰᠦ ᠪᠣᠷᠳᠤᠭ᠎ᠠ ᠵᠢᠨ ᠲᠥᠷᠥᠯ ᠂ ᠨᠢᠭᠡ ᠨᠠᠰᠤᠲᠤ ᠡᠪᠡᠰᠦᠯᠢᠭ᠌ ᠤᠷᠭᠤᠮᠠᠯ᠃ ᠲᠠᠷᠢᠶᠠᠨ ᠭᠠᠵᠠᠷ ᠂ ᠪᠠᠯᠭᠠᠰᠤᠨ ᠤ ᠬᠠᠪᠢ ᠂ ᠵᠠᠮ ᠤᠨ ᠬᠥᠪᠡᠭᠡ ᠂ ᠰᠤᠪᠠᠭ ᠤᠨ ᠬᠥᠪᠡᠭᠡᠨ ᠤ ᠴᠢᠭᠢᠭᠯᠢᠭ᠌ ᠭᠠᠵᠠᠷ ᠂ ᠨᠠᠮᠤᠭ ᠰᠢᠷᠤᠢᠲᠤ ᠭᠠᠵᠠᠷ ᠲᠤ ᠤᠷᠭᠤᠨ᠎ᠠ ᠃

48. 稗 *Echinochloa crusgalli* (L.) P. Beauv.

别名：稗子、水稗、野稗、旱稗

禾本科，稗属，一年生草本。生于田野、耕地、宅旁、路旁、渠沟边水湿地和沼泽地、水稻田中。分布于全旗各地。拍摄于达赉苏木乌布格德乌拉北。

ᠤᠷᠲᠤ ᠳᠡᠯᠢᠭᠦᠦᠷᠲᠦ ᠮᠠᠷᠠᠯ ᠤᠨ ᠬᠦᠵᠦᠭᠦ᠃

ᠳᠤᠮᠳᠠᠳᠤ ᠤᠯᠤᠰ ᠤᠨ ᠥᠪᠥᠷ ᠮᠣᠩᠭᠣᠯ ᠤᠨ ᠡᠪᠡᠰᠦ ᠪᠣᠷᠳᠤᠭ᠎ᠠ ᠵᠢᠨ ᠲᠥᠷᠥᠯ ᠂ ᠨᠢᠭᠡ ᠨᠠᠰᠤᠲᠤ ᠡᠪᠡᠰᠦᠯᠢᠭ᠌ ᠤᠷᠭᠤᠮᠠᠯ᠃ ᠲᠠᠷᠢᠶᠠᠨ ᠭᠠᠵᠠᠷ ᠂ ᠪᠠᠯᠭᠠᠰᠤᠨ ᠤ ᠬᠠᠪᠢ ᠂ ᠵᠠᠮ ᠤᠨ ᠬᠥᠪᠡᠭᠡ ᠂ ᠰᠤᠪᠠᠭ ᠤᠨ ᠬᠥᠪᠡᠭᠡᠨ ᠤ ᠴᠢᠭᠢᠭᠯᠢᠭ᠌ ᠭᠠᠵᠠᠷ ᠂ ᠨᠠᠮᠤᠭ ᠰᠢᠷᠤᠢᠲᠤ ᠭᠠᠵᠠᠷ ᠲᠤ ᠤᠷᠭᠤᠨ᠎ᠠ ᠃

49. 长芒稗[bài] *Echinochloa canudata* Roshev.

别名：长芒野稗

禾本科，稗属，一年生草本。生于田野、宅旁、路边、耕地，渠沟边水湿地和沼泽地、水稻田中。分布于乌尔逊河边、呼伦镇、阿拉坦额莫勒镇。拍摄于乌尔逊河边。

ᠬᠣᠨᠢᠨ ᠰᠡᠭᠦᠯᠳᠦ ᠡᠪᠡᠰᠦ ᠨᠢ᠃ ᠬᠣᠨᠢᠨ ᠰᠡᠭᠦᠯᠳᠦ ᠡᠪᠡᠰᠦ ᠲᠥᠷᠦᠯ᠂ ᠨᠢᠭᠡ ᠨᠠᠰᠤᠲᠤ ᠡᠪᠡᠰᠦᠯᠢᠭ ᠤᠷᠭᠤᠮᠠᠯ᠃ ᠡᠯᠡᠰᠦ ᠮᠠᠩᠬᠠᠨ ᠤ ᠡᠩᠭᠡᠷ ᠳᠣᠣᠷᠠᠳᠤ ᠨᠠᠮᠤᠭ ᠭᠠᠵᠠᠷ ᠲᠤ ᠤᠷᠭᠤᠨ᠎ᠠ᠃ ᠮᠣᠷᠢ᠂ ᠦᠬᠡᠷ ᠬᠣᠨᠢ ᠳᠤᠷᠠᠲᠠᠢ ᠢ�dᠡᠨ᠎ᠡ᠂ ᠲᠡᠮᠡᠭᠡ ᠰᠠᠶᠢᠨ ᠢᠳᠡᠨ᠎ᠡ᠃ ᠳᠠᠯᠠᠢ ᠰᠤᠮᠤ᠂ ᠪᠠᠭᠠᠳᠤ ᠤᠯᠠᠭ᠎ᠠ ᠰᠤᠮᠤ ᠪᠠᠷ ᠲᠠᠷᠬᠠᠨ᠎ᠠ᠃ (ᠪᠠᠭᠠᠳᠤ ᠤᠯᠠᠭ᠎ᠠ)

50. 断穗狗尾草 *Setaria arenaria* Kitag.

禾本科，狗尾草属，一年生草本。生于沙地、沙丘、阳坡、下湿滩地。为马、牛和羊所喜食，骆驼乐食。分布于达赉苏木、宝格德乌拉苏木。拍摄于宝格德乌拉沙地。

ᠬᠣᠨᠢᠨ ᠰᠡᠭᠦᠯᠳᠦ ᠡᠪᠡᠰᠦ ᠨᠢ᠃ ᠬᠣᠨᠢᠨ ᠰᠡᠭᠦᠯᠳᠦ ᠡᠪᠡᠰᠦ ᠲᠥᠷᠦᠯ᠂ ᠨᠢᠭᠡ ᠨᠠᠰᠤᠲᠤ ᠡᠪᠡᠰᠦᠯᠢᠭ ᠤᠷᠭᠤᠮᠠᠯ᠃ ᠡᠵᠡᠭᠦᠢ ᠭᠠᠵᠠᠷ᠂ ᠲᠠᠷᠢᠶᠠᠨ ᠭᠠᠵᠠᠷ᠂ ᠭᠣᠣᠯ ᠤᠨ ᠬᠥᠪᠡᠭᠡ᠂ ᠡᠩᠭᠡᠷ ᠭᠠᠵᠠᠷ ᠲᠤ ᠤᠷᠭᠤᠨ᠎ᠠ᠃ ᠡᠮ ᠤᠨ ᠤᠷᠭᠤᠮᠠᠯ᠃ ᠡᠯ᠎ᠡ ᠵᠦᠢᠯ ᠤᠨ ᠮᠠᠯ ᠳᠤᠷᠠᠲᠠᠢ ᠢᠳᠡᠨ᠎ᠡ᠃ ᠨᠡᠶᠢᠲᠡ ᠬᠣᠰᠢᠭᠤᠨ ᠤ ᠭᠠᠵᠠᠷ ᠢᠶᠠᠷ ᠲᠠᠷᠬᠠᠨ᠎ᠠ᠃ (ᠬᠡᠷᠡᠯᠦᠨ ᠰᠤᠮᠤ)

51. 狗尾草 *Setaria viridis* (L.) Beauv.

别名：毛莠莠

禾本科，狗尾草属，一年生草本。生于荒地、田野、河边、坡地。药用植物。各种家畜所喜食。分布于全旗各地。拍摄于克尔伦苏木山达图花。

ᠪᠤᠷᠤ ᠤᠯᠠᠯᠵᠢᠨ ᠦ ᠰᠤᠶᠤ᠋ ᠠ ᠁ ᠨᠢᠭᠡ ᠨᠠᠰᠤᠲᠤ ᠡᠪᠡᠰᠦ᠃ ᠡᠯᠡᠰᠦᠨ ᠲᠣᠯᠣᠭᠠᠢ᠂ ᠲᠠᠷᠢᠶ᠎ᠠ᠂ ᠭᠣᠣᠯ ᠤᠨ ᠬᠥᠪᠡᠭᠡ᠂ ᠤᠰᠤᠨ ᠤ ᠬᠥᠪᠡᠭᠡ ᠵᠡᠷᠭᠡ ᠭᠠᠵᠠᠷ ᠲᠤ ᠤᠷᠭᠤᠨ᠎ᠠ᠃

52. 紫穗狗尾草（变种）*Setaria viridis* (L.) Beauv. var. *purpurascens* Maxim.

禾本科，狗尾草属，一年生草本。生于沙丘、田野、河边、水边等地。分布于阿拉坦额莫勒镇、达赍苏木。拍摄于达赍苏木乌布格德乌拉北。

ᠴᠤᠬᠤᠷ ᠢᠯᠵᠢᠮᠡᠭ ᠡᠪᠡᠰᠦ（ᠭᠤᠷᠪᠠᠯᠵᠢᠨ ᠡᠪᠡᠰᠦ） ᠁ ᠨᠢᠭᠡ ᠨᠠᠰᠤᠲᠤ ᠡᠪᠡᠰᠦ᠃ ᠴᠠᠭᠠᠨ ᠲᠠᠷᠢᠶ᠎ᠠ᠂ ᠨᠠᠮᠤᠭ ᠤᠰᠤ ᠵᠡᠷᠭᠡ ᠭᠠᠵᠠᠷ ᠲᠤ ᠤᠷᠭᠤᠨ᠎ᠠ᠃

六十二、莎草科 Cyperaceae

1. 荆三棱 *Bolboschoenus yagara* (Ohwi) Y. C. Yang et M. Zhan

别名：三棱草

莎草科，三棱草属，多年生草本。生于稻田、浅水沼泽。药用植物。亦可供编织用。分布于乌尔逊河。拍摄于乌尔逊河。

ᠬᠦᠮᠡᠯᠢᠭ ᠡᠪᠡᠰᠦ

ᠰᠠᠭᠤᠷᠢ ᠳᠤ ᠴᠥᠭᠡᠪᠤᠷᠢ ᠴᠢᠬᠢᠭᠲᠦ ᠨᠠᠮᠠᠭ ᠳᠡᠭᠡᠷ᠎ᠡ ᠤᠷᠭᠤᠨ᠎ᠠ᠃ ᠡᠮ ᠤᠨ ᠤᠷᠭᠤᠮᠠᠯ᠃ ᠠᠷᠢᠬ᠎ᠠ ᠰᠠᠲ᠋ᠠ ᠪᠠᠯᠭᠠᠰᠤ᠂ ᠬᠥᠯᠥᠨ ᠨᠠᠭᠤᠷ᠂ ᠤᠷᠴᠤᠨ ᠭᠣᠣᠯ ᠤᠨ ᠬᠥᠪᠡᠭᠡ ᠳᠤ ᠲᠠᠷᠬᠠᠨ᠎ᠠ᠃ ᠠᠭᠤᠢ ᠬᠥᠲᠥᠯ ᠳᠤ ᠵᠢᠷᠤᠭᠯᠠᠪᠠ᠃

2. 扁秆荆三棱 *Bolboschoenus planiculmis* (F. Schmidt) T. V. Egorova

别名：扁秆藨草

莎草科，三棱草属，多年生草本。生于河边盐化草甸及沼泽中。药用植物。分布于阿日哈沙特镇、呼伦湖、乌尔逊河边。拍摄于阿贵洞。

ᠬᠤᠯᠤᠰᠤ ᠡᠪᠡᠰᠦ

ᠰᠠᠭᠤᠷᠢ ᠳᠤ ᠥᠲᠡᠭᠡᠨ ᠤᠰᠤᠲᠠᠢ ᠨᠠᠮᠠᠭ ᠴᠥᠭᠡᠪᠤᠷᠢ ᠨᠠᠮᠠᠭ ᠤᠨ ᠨᠤᠭᠤ ᠵᠡᠷᠭᠡ ᠭᠠᠵᠠᠷ ᠤᠷᠭᠤᠨ᠎ᠠ᠃ ᠨᠡᠬᠡᠮᠡᠯ ᠤᠨ ᠮᠠᠲ᠋ᠧᠷᠢᠶᠠᠯ ᠪᠣᠯᠭᠠᠵᠤ ᠪᠣᠯᠤᠨ᠎ᠠ᠃ ᠠᠷᠢᠬ᠎ᠠ ᠰᠠᠲ᠋ᠠ ᠪᠠᠯᠭᠠᠰᠤ ᠠᠭᠤᠢ ᠬᠥᠲᠥᠯ᠂ ᠠᠯᠲᠠᠨ ᠡᠮᠡᠯ ᠪᠠᠯᠭᠠᠰᠤ᠂ ᠬᠥᠯᠥᠨ ᠨᠠᠭᠤᠷ᠂ ᠤᠷᠴᠤᠨ ᠭᠣᠣᠯ᠂ ᠤᠯᠠᠭᠠᠨ ᠪᠥᠷᠥᠭᠡ ᠵᠡᠷᠭᠡ ᠤᠰᠤᠨ ᠳᠤ ᠲᠠᠷᠬᠠᠨ᠎ᠠ᠃ ᠤᠷᠴᠤᠨ ᠭᠣᠣᠯ ᠳᠤ ᠵᠢᠷᠤᠭᠯᠠᠪᠠ᠃

3. 水葱 *Schoenoplectus tabernaemontani* (C. C. Gmel.) Palla

莎草科，水葱属，多年生草本。生于浅水沼泽、沼泽草甸。可作编织材料。分布于阿日哈沙特镇阿贵洞、阿拉坦额莫勒镇、呼伦湖、乌尔逊河、乌兰泡浅水中。拍摄于乌尔逊河。

ᠪᠠᠲᠠᠭᠠᠨ᠎ᠠ ᠶᠢᠨ ᠡᠪᠡᠰᠦ

ᠬᠥᠢᠯᠦᠩ ᠤᠨ ᠨᠠᠭᠤᠷ᠂ ᠪᠠᠷᠠᠭᠤᠨ ᠪᠤᠯᠠᠭ ᠵᠡᠷᠭᠡ ᠭᠠᠵᠠᠷ ᠲᠤ ᠤᠷᠭᠤᠳᠠᠭ᠃ ᠪᠠᠷᠠᠭᠤᠨ ᠪᠤᠯᠠᠭ ᠲᠤ ᠰᠡᠭᠦᠳᠡᠷᠯᠡᠪᠡ᠃ ᠮᠣᠩᠭᠤᠯ ᠤᠨ ᠥᠨᠳᠦᠷᠯᠢᠭ ᠦᠨ ᠤᠷᠭᠤᠮᠠᠯ᠃ ᠲᠣᠯᠤᠭᠠᠢ ᠶᠢᠨ ᠬᠡᠰᠡᠭ ᠨᠢ ᠰᠠᠯᠠᠭ᠎ᠠ ᠪᠠᠷ ᠤᠷᠭᠤᠭᠰᠠᠨ᠃ ᠤᠷᠭᠤᠳᠠᠭ᠃

4. 沼泽荸[bí]荠[qí] *Eleocharis palustris* (L.) Roem. et Schult.

别名：中间型针蔺、中间型荸荠

莎草科，荸荠属，多年生草本。生于河边及泉边沼泽和盐化草甸。分布于阿日哈沙特镇阿贵洞、阿拉坦额莫勒镇、乌尔逊河边。拍摄于阿拉坦额莫勒镇呼德诺尔东。

ᠤᠰᠤᠨ ᠤ ᠡᠪᠡᠰᠦ

ᠤᠰᠤᠨ ᠤ ᠡᠪᠡᠰᠦᠨ ᠦ ᠲᠥᠷᠦᠯ᠂ ᠤᠯᠠᠨ ᠨᠠᠰᠤᠲᠤ ᠡᠪᠡᠰᠦᠯᠢᠭ ᠤᠷᠭᠤᠮᠠᠯ᠃ ᠳᠠᠪᠤᠰᠤᠯᠢᠭ ᠨᠠᠮᠤᠭ ᠲᠤ ᠤᠷᠭᠤᠳᠠᠭ᠃ ᠬᠥᠢᠯᠦᠩ ᠤᠨ ᠨᠠᠭᠤᠷ᠂ ᠤᠯᠠᠭᠠᠨ ᠪᠤᠯᠠᠭ ᠲᠤ ᠲᠠᠷᠬᠠᠳᠠᠭ᠃

5. 花穗水莎草 *Juncellus pannonicus* (Jacq.) C. B. Clarke

莎草科，水莎草属，多年生草本。生于盐化沼泽。分布于呼伦湖、乌兰泡。拍摄于乌兰泡。

6. 球穗扁莎 *Pycreus flavidus*（Retzius）T. Koyama

莎草科，扁莎属，多年生草本。生于沼泽化草甸、浅水。分布于乌兰泡。拍摄于乌兰泡。

7. 寸草薹[tái] *Carex duriuscula* C. A. Mey.

别名：寸草、卵穗薹草

莎草科，薹草属，多年生草本。生于轻度盐渍低地。牛、马、羊喜食。分布于全旗各地。拍摄于阿贵洞。

ᠴᠠᠭᠠᠨ ᠪᠣᠳᠤᠭ᠎᠎᠎᠎᠎ ᠁

ᠳᠤᠮᠳᠠᠳᠤ ᠠᠽᠢ ᠶᠢᠨ ᠪᠣᠳᠤᠭ᠎ ᠂ ᠰᠠᠭᠠᠷᠢ ᠶᠢᠨ ᠣᠪᠤᠭ᠎ ᠂ ᠪᠣᠳᠤᠭ᠎ ᠲᠥᠷᠥᠯ ᠂ ᠣᠯᠠᠨ ᠨᠠᠰᠤᠲᠤ ᠡᠪᠡᠰᠦᠯᠢᠭ᠎ ᠡᠪᠡᠰᠦ ᠃

8. 砾薹草 *Carex stenophylloides* V. I. Krecz.

别名：中亚薹草

莎草科，薹草属，多年生草本。生于沙质及砾石质草原、盐化草甸。分布于阿拉坦额莫勒镇、达赉苏木、克尔伦苏木。拍摄于阿拉坦额莫勒镇山达音敖包图。

ᠬᠣᠰᠢᠭᠤ ᠳᠠᠭᠠᠨ ᠪᠣᠳᠤᠭ᠎᠎᠎᠎ ᠁

ᠪᠢᠴᠢᠬᠠᠨ ᠦᠷ᠎ᠡ ᠲᠠᠢ ᠪᠣᠳᠤᠭ᠎ ᠂ ᠰᠠᠭᠠᠷᠢ ᠶᠢᠨ ᠣᠪᠤᠭ᠎ ᠂ ᠪᠣᠳᠤᠭ᠎ ᠲᠥᠷᠥᠯ ᠂ ᠣᠯᠠᠨ ᠨᠠᠰᠤᠲᠤ ᠡᠪᠡᠰᠦᠯᠢᠭ᠎ ᠡᠪᠡᠰᠦ ᠃

9. 小粒薹草 *Carex karoi* Freyn

莎草科，薹草属，多年生草本。生于沙丘旁湿地，山沟溪旁，草甸及沼泽草甸。分布于呼伦镇。拍摄于呼伦镇塔班陶勒盖。

10. 纤弱薹草 *Carex capillaris* L.

别名：绿穗薹草

莎草科，薹草属，多年生草本。生于山地阴坡、河漫滩草甸、水沟边、灌丛下。分布于宝格德乌拉苏木、贝尔苏木。拍摄于贝尔苏木莫农塔拉。

11. 脚薹草 *Carex pediformis* C. A. Mey.

别名：日荫菅、柄状薹草、硬叶薹草

莎草科，薹草属，多年生草本。生于山地、丘陵坡地、草原、湿润沙地、林下、林缘。牛、马、羊喜食。分布于旗北部草原。拍摄于达赉苏木达巴东。

ᠵᠡᠷᠭᠡᠯᠵᠡᠭᠡ ᠦᠲᠡᠭ

12. 离穗薹草　*Carex eremopyroides* V. l. Krecz.

　　莎草科，薹草属，多年生草本。生于湖边沙地草甸、轻度盐化草甸、林间低湿地。分布于呼伦湖边。拍摄于呼伦湖边。

ᠰᠢᠷ᠎ᠠ ᠦᠲᠡᠭ

13. 黄囊[náng]薹草　*Carex korshinskyi* Kom.

　　莎草科，薹草属，多年生草本。生于草原、沙丘、石质山坡。分布于全旗各地。拍摄于阿贵洞山上。

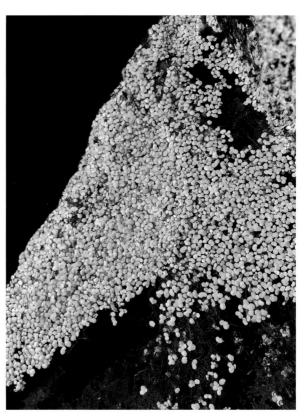

ᠲᠡᠮᠡᠭᠡᠨ ᠤ ᠨᠠᠪᠲᠠᠭᠠᠨᠠ

六十三、浮萍科 Lemnaceae
浮萍 *Lemna minor* L.

浮萍科，浮萍属，一年生水生小草本。生于静水、小水池、河湖边缘、常遮盖水面。药用植物。分布于全旗各地。拍摄于阿贵洞。

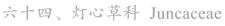

六十四、灯心草科 Juncaceae
细灯心草 *Juncus gracillimus* (Buch.) V. I. Krecz. et Gontsch.

灯心草科，灯心草属，多年生草本。生于河边、湖边、沼泽化草甸或沼泽。马、山羊、绵羊所喜食。分布于呼伦湖沿岸、乌尔逊河、阿日哈沙特镇阿贵洞。拍摄于呼伦湖沿岸。

ᠬᠤᠯᠤᠰᠤ ᠬᠤᠮᠢ ᠄᠄ ᠬᠠᠪᠤᠷ ᠬᠠᠭᠤᠷᠠᠢ ᠬᠥᠷᠦᠰᠦᠨ ᠳᠦ ᠦᠯᠡᠰᠦᠨ ᠂ ᠪᠠᠶᠢᠭᠠᠯᠢ ᠶᠢᠨ ᠲᠠᠯ᠎ᠠ ᠳᠤ ᠨᠤᠭ᠂ ᠲᠠᠯ᠎ᠠ ᠶᠢᠨ ᠨᠤᠭ ᠪᠠᠭᠤᠷᠠᠢ ᠭᠠᠵᠠᠷ ᠤᠷᠭᠤᠨ᠎ᠠ ᠂ ᠨᠠᠪᠴᠢ ᠶᠢ ᠨᠢ ᠨᠣᠭᠤᠭ᠎ᠠ ᠪᠣᠯᠭᠠᠨ ᠢᠳᠡᠳᠡᠭ ᠃ ᠬᠤᠰᠢᠭᠤᠨ ᠤ ᠭᠠᠵᠠᠷ ᠪᠦᠷᠢ ᠳᠦ ᠲᠠᠷᠬᠠᠨ᠎ᠠ ᠃

六十五、百合科 Liliaceae

1. 野韭 *Allium ramosum* L.

百合科，葱属，多年生草本。生于草原砾石质坡地、草甸草原、草原化草甸群落中。叶可作蔬菜食用。分布于全旗各地。拍摄于阿拉坦额莫勒镇巴彦陶日木西。

ᠬᠠᠶᠢᠷᠠᠭ᠎ᠠ ᠰᠣᠩᠭᠢᠨ᠎ᠠ ᠄᠄ ᠴᠥᠯ ᠂ ᠴᠥᠯ ᠤᠨ ᠲᠠᠯ᠎ᠠ ᠂ ᠬᠠᠭᠠᠰ ᠴᠥᠯ ᠪᠠ ᠲᠠᠯ᠎ᠠ ᠶᠢᠨ ᠪᠥᠰᠡ ᠶᠢᠨ ᠰᠢᠷᠤᠢ ᠂ ᠡᠯᠡᠰᠦᠷᠬᠡᠭ ᠬᠦᠷᠡᠩ ᠰᠢᠷᠤᠢ ᠂ ᠴᠠᠶᠢᠪᠤᠷ ᠬᠦᠷᠡᠩ ᠰᠢᠷᠤᠢ ᠪᠤᠶᠤ ᠴᠢᠯᠠᠭᠤᠯᠢᠭ ᠲᠣᠪᠤᠴᠠᠭ ᠪᠡᠯ ᠭᠠᠵᠠᠷ ᠤᠷᠭᠤᠨ᠎ᠠ ᠂ ᠡᠯ᠎ᠡ ᠵᠦᠢᠯ ᠤᠨ ᠮᠠᠯ ᠳᠤᠷᠠᠲᠠᠢ ᠢᠳᠡᠨ᠎ᠡ ᠃ ᠬᠤᠰᠢᠭᠤᠨ ᠤ ᠭᠠᠵᠠᠷ ᠪᠦᠷᠢ ᠳᠦ ᠲᠠᠷᠬᠠᠨ᠎ᠠ ᠃

2. 碱葱 *Allium polyrhizum* Turcz. ex Regel

别名：多根葱、碱韭

百合科，葱属，多年生草本。生于荒漠带、荒漠草原带、半荒漠及草原带的壤质、沙壤质棕钙土、淡栗钙土或石质残丘坡地上。各种牲畜喜食。分布于全旗各地。拍摄于阿拉坦额莫勒镇巴彦陶日木西。

3. 蒙古葱 *Allium mongolicum* Regel

别名：蒙古韭、沙葱

百合科，葱属，多年生草本。生于沙地、干旱山坡。药用植物。各种牲畜均喜食。分布于宝格德乌拉苏木、达赉苏木、克尔伦苏木。拍摄于克尔伦苏木呼热塔拉。

4. 砂葱 *Allium bidentatum* Fisch. ex Prokh. et Ikonikov-Galitzky

别名：双齿葱、砂韭

百合科，葱属，多年生草本。生于草原、山地阳坡。羊、马、骆驼喜食，牛乐食。分布于呼伦镇、宝格德乌拉苏木、贝尔苏木、达赉苏木。拍摄于呼伦镇都乌拉。

ᠪᠠᠶᠢᠵᠤ᠂ ᠨᠠᠷᠢᠨ ᠬᠠᠯᠠᠭᠤ ᠶᠢᠨ ᠨᠠᠢ᠋ᠮᠠᠨ ᠤ ᠲᠥᠷᠥᠯ ᠂ ᠤᠯᠠᠨ ᠨᠠᠰᠤᠲᠤ
ᠡᠪᠡᠰᠤᠯᠢᠭ ᠤᠷᠭᠤᠮᠠᠯ ᠃ ᠣᠢ ᠶᠢᠨ ᠬᠡᠭᠡᠷ᠎ᠡ᠂ ᠬᠡᠪ ᠤᠨ ᠬᠡᠭᠡᠷ᠎ᠡ᠂
ᠡᠯᠡᠰᠦᠷᠬᠡᠭ ᠬᠡᠭᠡᠷ᠎ᠡ᠂ ᠠᠭᠤᠯᠠᠷᠬᠠᠭ ᠬᠡᠭᠡᠷ᠎ᠡ ᠳᠤ ᠤᠷᠭᠤᠨ᠎ᠠ᠃
ᠠᠮᠲᠠᠯᠠᠭᠴᠢ ᠵᠤᠢᠯ ᠃ ᠡᠯ᠎ᠡ ᠵᠤᠢᠯ ᠤᠨ ᠮᠠᠯ ᠪᠦᠷ ᠳᠤᠷᠠᠲᠠᠢ
ᠢ�dᠡᠨ᠎ᠡ᠃

5. 细叶葱 *Allium tenuissimum* L.

别名：细叶韭、细丝韭、札麻、纳林葱

百合科，葱属，多年生草本。生于森林草原、典型草原、荒漠草原、山地草原。调味品。各种牲畜均喜食。分布于全旗各地。拍摄于贝尔苏木莫农塔拉。

ᠨᠠᠷᠢᠨ ᠬᠠᠯᠠᠭᠤ ᠶᠢᠨ ᠨᠠᠢ᠋ᠮᠠᠨ ᠤ ᠲᠥᠷᠥᠯ᠂ ᠤᠯᠠᠨ
ᠨᠠᠰᠤᠲᠤ ᠡᠪᠡᠰᠤᠯᠢᠭ ᠤᠷᠭᠤᠮᠠᠯ ᠃ ᠬᠡᠭᠡᠷ᠎ᠡ᠂ ᠨᠤᠭᠤ᠂
ᠬᠠᠶᠢᠷᠭᠠᠷᠬᠠᠭ ᠠᠭᠤᠯᠠ ᠶᠢᠨ ᠡᠩᠭᠡᠷ ᠲᠤ ᠤᠷᠭᠤᠨ᠎ᠠ᠃
ᠵᠥᠭᠡᠯᠡᠨ ᠨᠠᠪᠴᠢ ᠶᠢ ᠨᠣᠭᠤᠭ᠎ᠠ ᠪᠣᠯᠭᠠᠨ ᠢᠳᠡᠵᠤ ᠪᠣᠯᠤᠨ᠎ᠠ᠃
ᠬᠤᠨᠢ᠂ ᠦᠬᠡᠷ ᠳᠤᠷᠠᠲᠠᠢ ᠢᠳᠡᠨ᠎ᠡ᠃

6. 山葱 *Allium senescens* L.

别名：山韭、岩葱

百合科，葱属，多年生草本。生于草原、草甸、砾石质山坡。嫩叶可作蔬菜食用。羊和牛喜食。分布于全旗各地。拍摄于达赉苏木伊和双乌拉南。

ᠮᠣᠩᠭᠣᠯ ᠠᠷᠪᠠᠢ

ᠲᠠᠬᠢᠨ᠂ ᠬᠥᠷᠥᠰᠦ᠂ ᠡᠯᠡᠰᠦ ᠵᠢᠨ ᠭᠠᠵᠠᠷ ᠲᠤ ᠤᠷᠭᠤᠨ᠎ᠠ ᠄᠄
ᠢᠮᠠᠭᠠ᠂ ᠠᠳᠤᠭᠤ ᠪᠣᠯᠤᠨ ᠲᠡᠮᠡᠭᠡ ᠳᠤᠷᠠᠲᠠᠢ
ᠢᠳᠡᠨ᠎ᠠ ᠄᠄ ᠳᠠᠯᠠᠢ ᠰᠤᠮᠤ᠂ ᠪᠤᠢᠷ ᠰᠤᠮᠤ ᠳᠤ
ᠲᠠᠷᠬᠠᠨ᠎ᠠ ᠄᠄ ᠪᠤᠢᠷ ᠰᠤᠮᠤ ᠵᠢᠨ

7. 矮葱 *Allium anisopodium* Ledeb.

别名：矮韭

百合科，葱属，多年生草本。生于山坡、草地、固定沙地。羊、马和骆驼喜食。分布于达赉苏木、贝尔苏木。拍摄于贝尔苏木银海岸北。

ᠰᠢᠷᠠ ᠠᠷᠪᠠᠢ

ᠠᠭᠤᠯᠠ ᠵᠢᠨ ᠬᠡᠭᠡᠷ᠎ᠡ᠂ ᠡᠩ ᠦᠨ ᠬᠡᠭᠡᠷ᠎ᠡ᠂
ᠨᠤᠭᠤ ᠵᠢᠨ ᠬᠡᠭᠡᠷ᠎ᠡ ᠪᠣᠯᠤᠨ ᠨᠤᠭᠤ ᠵᠢᠨ
ᠭᠠᠵᠠᠷ ᠲᠤ ᠤᠷᠭᠤᠨ᠎ᠠ ᠄᠄ ᠬᠦᠯᠦᠨ ᠪᠠᠯᠭᠠᠰᠤ᠂
ᠪᠠᠭᠠᠳᠠ ᠤᠯᠠᠨ ᠰᠤᠮᠤ ᠳᠤ ᠲᠠᠷᠬᠠᠨ᠎ᠠ ᠄᠄

8. 黄花葱 *Allium condensatum* Turcz.

百合科，葱属，多年生草本。生于山地草原、典型草原、草甸草原及草甸。分布于呼伦镇、宝格德乌拉苏木。拍摄于宝格德乌拉苏木根子南。

ᠰᠠᠷᠠᠨ᠎ᠠ

9. 山丹 *Lilium pumilum* Redoute

别名：细叶百合、山丹丹花

百合科，百合属，多年生草本。生于山地灌丛、草甸、林缘、草甸草原。药用植物。观赏植物。分布于阿日哈沙特镇、呼伦镇、达赉苏木。拍摄于呼伦镇都乌拉。

10. 少花顶冰花 *Gagea pauciflora* (Turcz. ex Trautv.) Ledeb.

百合科，顶冰花属，多年生草本。生于山地草甸或灌丛。分布于呼伦镇。拍摄于呼伦镇达石莫音阿日山南。

11. 藜芦 *Veratrum nigrum* L.

别名: 黑藜芦

百合科，藜芦属，多年生草本。生于林缘、草甸、山地林下。药用植物。分布于克尔伦苏木、达赉苏木。拍摄于达赉苏木扎哈音温都日。

12. 小黄花菜 *Hemerocallis minor* Mill.

别名：黄花菜

百合科，萱草属，多年生草本。生于山地草原、林缘、灌丛。药用植物。花可食用。分布于呼伦镇、达赉苏木。拍摄于呼伦镇新巴日力嘎东南。

ᠲᠣᠯᠣᠭᠠᠢ᠃᠃ ᠵᠢᠮᠢᠰ ᠨᠢ ᠪᠥᠭᠡᠷᠡᠩᠬᠡᠢ ᠬᠡᠯᠪᠡᠷᠢᠲᠡᠢ᠃᠃
ᠬᠥᠭᠵᠢᠮ᠂ ᠨᠣᠭᠣᠭᠠᠨ᠂ ᠬᠠᠭᠤᠷᠠᠢ᠂ ᠴᠢᠯᠠᠭᠤᠯᠢᠭ ᠠᠭᠤᠯᠠ
ᠶᠢᠨ ᠡᠩᠭᠡᠷ ᠲᠦ ᠤᠷᠭᠤᠨ᠎ᠠ᠃ ᠵᠥᠭᠡᠯᠡᠨ ᠵᠢᠭᠠᠬᠠᠨ ᠦᠶᠡᠰ
ᠨᠢ ᠬᠣᠨᠢ᠂ ᠢᠮᠠᠭᠠᠨ ᠳᠤ ᠢᠳᠡᠰᠢᠯᠡᠨ᠎ᠡ᠃ ᠬᠣᠰᠢᠭᠤᠨ ᠤ
ᠭᠠᠵᠠᠷ ᠪᠦᠷᠢ ᠳᠦ ᠲᠠᠷᠬᠠᠨ᠎ᠠ᠃ ᠠᠯᠲᠠᠨ ᠡᠮᠦᠯᠡ ᠪᠠᠯᠭᠠᠰᠤᠨ ᠤ
ᠡᠷᠳᠡᠨᠢ ᠠᠭᠤᠯᠠ ᠠᠴᠠ ᠭᠡᠷᠡᠯ ᠵᠢᠷᠤᠭ ᠢ ᠨᠢ ᠠᠪᠤᠪᠠ᠃᠃

13. 兴安天门冬 *Asparagus dauricus* Link

别名：山天冬

百合科，天门冬属，多年生草本。生于林缘、草甸草原、典型草原、干燥的石质山坡。幼嫩时绵羊、山羊乐食。分布于全旗各地。拍摄于阿拉坦额莫勒镇额尔敦乌拉。

ᠭᠡᠷᠡᠯ ᠵᠢᠷᠤᠭ

ᠲᠣᠯᠣᠭᠠᠢ᠃᠃ ᠡᠪᠡᠰᠦᠨ ᠤ
ᠲᠥᠷᠥᠯ᠃᠃ ᠠᠭᠤᠯᠠ ᠶᠢᠨ ᠣᠢ᠂
ᠣᠢ ᠶᠢᠨ ᠬᠥᠪᠡᠭᠡ᠂ ᠪᠤᠲᠠᠲᠤ᠂
ᠠᠭᠤᠯᠠ ᠶᠢᠨ ᠨᠠᠮᠤᠭ ᠲᠤ
ᠤᠷᠭᠤᠨ᠎ᠠ᠃ ᠡᠮ ᠦᠨ ᠤᠷᠭᠤᠮᠠᠯ᠃
ᠳᠠᠯᠠᠢ ᠰᠤᠮᠤ ᠳᠤ ᠲᠠᠷᠬᠠᠨ᠎ᠠ᠃
ᠳᠠᠯᠠᠢ ᠰᠤᠮᠤ ᠶᠢᠨ ᠵᠠᠬᠠ
ᠶᠢᠨ ᠤᠨᠳᠤᠷ ᠠᠴᠠ ᠭᠡᠷᠡᠯ
ᠵᠢᠷᠤᠭ ᠢ ᠨᠢ ᠠᠪᠤᠪᠠ᠃

14. 玉竹 *Polygonatum odoratum* (Mill.) Druce

别名：萎蕤

百合科，黄精属，多年生草本。生于山地林下、林缘、灌丛、山地草甸。药用植物。分布于达赉苏木。拍摄于达赉苏木扎哈音温都日。

ᠭᠤᠶᠤ ᠲᠡᠮᠡᠭᠡᠨ ᠤ ᠨᠠᠪᠴᠢᠳᠤ

ᠨᠠᠪᠴᠢ ᠨᠢ ᠶᠠᠭᠠᠨ ᠪᠤᠶᠤ ᠰᠢᠷᠭᠠᠯ ᠦᠩᠭᠡ ᠲᠠᠢ ᠃ ᠨᠠᠪᠴᠢ ᠨᠢ ᠤᠷᠲᠤ ᠃ ᠡᠮ ᠤ ᠤᠷᠭᠤᠮᠠᠯ ᠃ ᠪᠠᠭᠠᠳ ᠠᠭᠤᠯᠠ ᠃ ᠬᠡᠷᠡᠯᠦᠨ ᠰᠤᠮᠤ ᠳ᠋ᠤ ᠤᠷᠭᠤᠨ᠎ᠠ ᠃

15. 黄精 *Polygonatum sibiricum Redoute*

别名：鸡头黄精

百合科，黄精属，多年生草本。生于山地林下、林缘、灌丛、山地草甸。药用植物。分布于宝格德乌拉山、克尔伦苏木。拍摄于宝格德乌拉山。

ᠴᠡᠴᠡᠭ ᠤᠨ ᠴᠢᠴᠠᠷᠭᠠᠨ᠎ᠠ

ᠴᠡᠴᠡᠭ ᠤᠨ ᠢᠵᠠᠭᠤᠷ ᠤ ᠤᠷᠭᠤᠮᠠᠯ ᠃ ᠤᠯᠠᠨ ᠵᠢᠯ ᠤᠨ ᠡᠪᠡᠰᠤᠯᠢᠭ ᠤᠷᠭᠤᠮᠠᠯ ᠃ ᠲᠠᠯ᠎ᠠ ᠭᠠᠵᠠᠷ ᠂ ᠠᠭᠤᠯᠠ ᠶᠢᠨ ᠤᠢ ᠶᠢᠨ ᠵᠠᠬ᠎ᠠ ᠳᠤ ᠤᠷᠭᠤᠨ᠎ᠠ ᠃ ᠨᠠᠮᠤᠷ ᠤᠨ ᠬᠦᠢᠲᠡᠨ ᠤ ᠳᠠᠷᠠᠭ᠎ᠠ ᠦᠬᠡᠷ ᠂ ᠬᠣᠨᠢ ᠢᠳᠡᠨ᠎ᠡ ᠃

六十六、鸢尾科 Iridaceae

1. 射干鸢尾 *Iris dichotoma* Pall.

别名：歧花鸢尾、白射干、芭蕉扇

鸢尾科，鸢尾属，多年生草本。生于草原、山地林缘、灌丛。在秋季霜后牛、羊采食。分布于呼伦镇、阿日哈沙特镇、达赉苏木。拍摄于呼伦镇新巴日力嘎东南。

ᠮᠣᠩᠭᠣᠯ ᠶᠢᠨ ᠴᠡᠴᠡᠭ

2. 细叶鸢尾　*Iris tenuifolia* Pall.

鸢尾科，鸢尾属，多年生草本。生于草原、沙地及石质坡地。药用植物。春季羊采食其花。分布于全旗各地。拍摄于克尔伦苏木乌珠日山达。

ᠮᠣᠩᠭᠣᠯ ᠶᠢᠨ ᠴᠡᠴᠡᠭ

3. 囊花鸢尾　*Iris ventricosa* Pall.

鸢尾科，鸢尾属，多年生草本。生于典型草原，草甸草原及草原化草甸、山地林缘草甸。分布于旗北部草原、宝格德乌拉苏木。拍摄于达赉苏木扎哈音温都日。

ᠲᠤᠯᠠᠭᠠᠨ ᠴᠡᠴᠡᠭ

ᠮᠤᠳᠤᠨ ᠬᠠᠢᠷ ᠢ᠄ ᠴᠡᠴᠡᠭ ᠤᠨ ᠬᠡᠰᠡᠭ ᠤ᠋ ᠢᠵᠠᠭᠤᠷ ᠤᠨ ᠡᠪᠡᠰᠤ᠃ ᠲᠤᠯᠭ ᠠ᠄ ᠲᠤᠯᠠᠭᠠᠨ ᠤ᠋ ᠬᠠᠵᠠᠭᠤ ᠳ᠋ᠤ᠌᠂ ᠠᠭᠤᠯᠠᠨ ᠲᠠᠯᠠ᠂ ᠤᠢ ᠵᠠᠬᠠ ᠳ᠋ᠤ᠌ ᠤᠷᠭᠤᠨ᠎ᠠ᠃

4. 粗根鸢尾 *Iris tigridia* Bunge ex Ledeb.

鸢尾科，鸢尾属，多年生草本。生于丘陵坡地，山地草原、林缘。春季羊采食。分布于呼伦镇。拍摄于呼伦镇达石莫音阿日山南。

ᠴᠠᠭᠠᠨ ᠴᠡᠴᠡᠭ

ᠮᠤᠳᠤᠨ ᠬᠠᠢᠷ ᠢ᠄ ᠴᠡᠴᠡᠭ ᠤᠨ ᠬᠡᠰᠡᠭ ᠤ᠋ ᠢᠵᠠᠭᠤᠷ ᠤᠨ ᠡᠪᠡᠰᠤ᠃ ᠬᠤᠵᠢᠷᠯᠢᠭ ᠭᠠᠵᠠᠷ ᠲᠤ ᠤᠷᠭᠤᠨ᠎ᠠ᠃

5. 白花马蔺 *Iris lactea* Pall.

鸢尾科，鸢尾属，多年生草本。生于盐渍地。分布于阿拉坦额莫勒镇。拍摄于阿拉坦额莫勒镇西南。

ᠬᠣᠯᠠᠨ
ᠴᠡᠴᠡᠭ

6. 马蔺 *Iris lactea* Pall. var. *chinensis* （Fisch.） Koidz.

鸢尾科，鸢尾属，多年生草本。生于河滩、盐碱滩地。药用植物。枯黄后为各种家畜所乐食。分布于全旗各地。拍摄于阿拉坦额莫勒镇巴嘎巴彦浩来。

7. 溪荪 *Iris sanguinea* Donn ex Hornem.

鸢尾科，鸢尾属，多年生草本。生于山地水边草甸，沼泽化草甸。药用植物。枯黄后为各种家畜所乐食。分布于呼伦湖沿岸。拍摄于呼伦湖沿岸。

ᠪᠣᠳᠣᠷ ᠴᠡᠴᠡᠭᠲᠦ

ᠪᠣᠳᠣᠷ ᠴᠡᠴᠡᠭᠲᠦ᠂ ᠴᠣᠬᠣᠷ ᠡᠪᠡᠰᠦᠨ ᠦ ᠢᠵᠠᠭᠤᠷ ᠤᠨ
ᠣᠯᠠᠨ ᠨᠠᠰᠤᠲᠤ ᠡᠪᠡᠰᠦᠯᠢᠭ ᠤᠷᠭᠤᠮᠠᠯ᠃ ᠴᠢᠯᠠᠭᠤᠯᠢᠭ
ᠰᠢᠷᠣᠢᠲᠤ ᠳᠣᠪᠣᠴᠠᠭ ᠭᠠᠵᠠᠷ ᠲᠤ ᠤᠷᠭᠤᠨ᠎ᠠ᠃ ᠬᠥᠯᠥᠨ
ᠪᠠᠯᠭᠠᠰᠤ᠂ ᠳᠠᠯᠠᠢ ᠰᠤᠮᠤ᠂ ᠬᠡᠷᠦᠯᠦᠨ ᠰᠤᠮᠤ᠂ ᠪᠣᠭᠳᠠ
ᠠᠭᠤᠯᠠ ᠰᠤᠮᠤ ᠳᠤ ᠲᠠᠷᠬᠠᠨ᠎ᠠ᠃

8. 黄花鸢尾 *Iris flavissima* Pall.

别名：石生鸢尾

鸢尾科，鸢尾属，多年生草本。生于砾石质丘陵坡地。分布于呼伦镇、达赉苏木、克尔伦苏木、宝格德乌拉苏木。拍摄于宝格德乌拉山。

参考文献

敖特根, 特木尔布和, 杜森云, 2013. 东乌珠穆沁旗草地植物 [M]. 呼和浩特：内蒙古人民出版社.

波沛云, 1995. 东北植物检索表 [M]. 北京：科学技术出版社.

陈默君, 贾慎修, 2002. 中国饲用植物 [M]. 北京：中国农业出版社.

陈山, 1994. 中国草地饲用植物资源 [M]. 沈阳：辽宁民族出版社.

马毓泉, 1989. 内蒙古植物志. 第三卷. 第二版 [M]. 呼和浩特：内蒙古人民出版社.

马毓泉, 1991. 内蒙古植物志. 第二卷. 第二版 [M]. 呼和浩特：内蒙古人民出版社.

马毓泉, 1992. 内蒙古植物志. 第四卷. 第二版 [M]. 呼和浩特：内蒙古人民出版社.

马毓泉, 1994. 内蒙古植物志. 第五卷. 第二版 [M]. 呼和浩特：内蒙古人民出版社.

马毓泉, 1998. 内蒙古植物志. 第一卷. 第二版 [M]. 呼和浩特：内蒙古人民出版社.

内蒙古师范学院生物系, 内蒙古教育出版社自然科学编辑室, 1976. 种子植物图鉴 [M]. 呼和浩特：内蒙古教育出版社.

潘学清, 2009. 呼伦贝尔市药用植物 [M]. 北京：中国农业出版社.

吴虎山, 潘英, 王伟共, 2009. 呼伦贝尔市饲用植物 [M]. 北京：中国农业出版社.

赵一之, 赵利清, 2014. 内蒙古维管植物检索表 [M]. 北京：中国科学技术出版社.

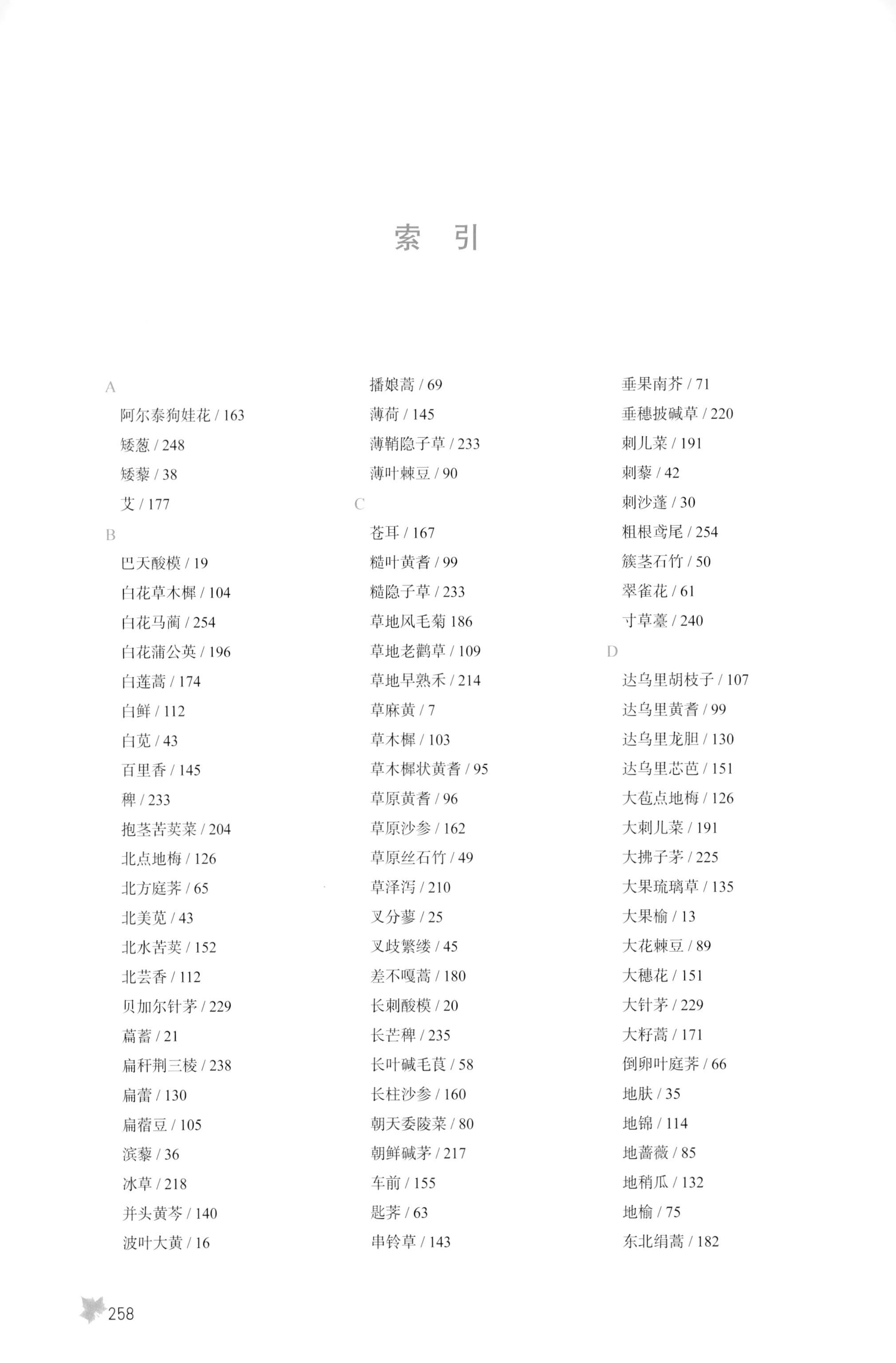

索　引